设施园艺作物生产关键技术问答丛书

设施食用菌
栽培与病虫害防治

SHESHI SHIYONGJUN ZAIPEI YU
BINGCHONGHAI FANGZHI BAIWEN BAIDA

百问百答

胡晓艳　魏金康　主编

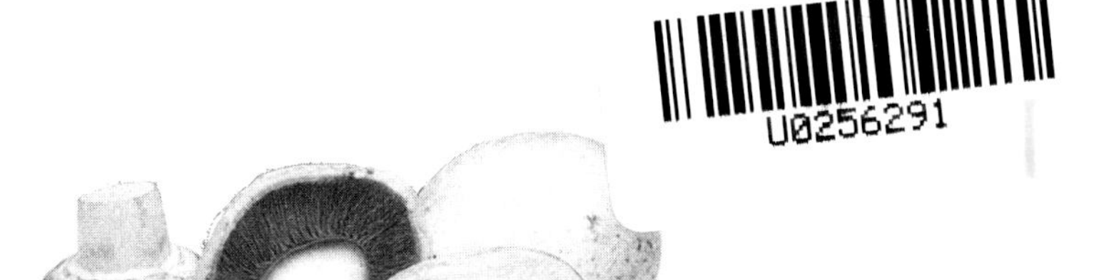

中国农业出版社
北　京

《设施食用菌栽培与病虫害防治百问百答》
编　者　名　单

主　编　胡晓艳（第一章、第二章、第四章）

　　　　　魏金康（第三章、第十章）

副主编　贺国强（第六章、第九章）

　　　　　吴尚军（第五章）

　　　　　赵海康（第七章、第八章）

参　编　邓德江　朱　莉　曹之富

　　　　　王秀玲　孔繁建　张东雷

　　　　　赵恩永　刘瑞梅　张玉铎

　　　　　高继海　郭永杰　池美娜

　　　　　刘　洋　康　勇

前 言
FOREWORD

食用菌产业作为农业的新兴产业，在农业产业结构调整、农民增收致富、“菜篮子”工程和循环农业经济等领域均得到了长足发展。目前，我国食用菌栽培的种类已经达到90多种，为世界食用菌栽培种类最多的国家。主要产区分布在福建、河南、山东、河北、江苏、四川、湖北、浙江、安徽、辽宁、黑龙江、吉林等省份，随着南菇北移和东菇西移，山西、内蒙古、新疆、甘肃、陕西、宁夏等地的食用菌栽培规模也呈现迅猛发展的趋势。全国形成了以平菇、香菇、木耳、双孢菇、金针菇为主导的30多个食用菌品种共同发展的格局。我国的食用菌栽培模式主要有农业设施栽培、工厂化周年栽培、林下栽培和仿野生栽培等多种。在众多的栽培模式中，生产面积最大的是农业设施栽培。设施类型主要包括日光温室、半地下温室、春秋大棚、简易房、小拱棚等。

食用菌栽培与其他农作物相比，要求有更高的专业技术水平，但目前食用菌专业技术人才非常缺乏，绝大部分高校都没有专门的食用菌专业，从业人员也缺乏标准化、科学化的生产技术。因此，系统全面、科学实用、针对性强的栽培参考用书显得尤为重要。

本书内容一改传统的理论叙述形式，采用一问一答的方式，抓住重点环节，结合生产实践，介绍了设施栽培食用菌所需要的原料、环境、设备、物资等，说明了菌种的制作过程，并以平菇、香菇、栗蘑、茶树菇、羊肚菌等8种主要农业设施栽培食用菌为例，详细阐述了这些菇种的关键生产工艺和病虫害防治措施。力求内容深入浅出、技术实用、理论指导性强。

由于编写时间紧迫，编写人员水平有限，疏漏之处在所难免，敬请同行和广大读者批评指正。

编　者

2020年3月

目 录
CONTENTS

视频目录
VIDEO CONTENTS

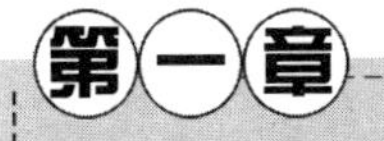

食用菌的栽培条件

1. 食用菌生长需要哪些营养物质？

食用菌生长需要的营养物质包括以下几类：

(1) 碳源。构成食用菌细胞和代谢产物中碳素来源的物质。食用菌不能利用二氧化碳和碳酸盐等无机态碳，其利用的碳源都是有机物，如纤维素、半纤维素、木质素、淀粉、有机酸和醇类。制作母种培养基的碳源主要是葡萄糖和蔗糖；用作栽培种及培养料的碳源主要是木屑、棉籽壳、玉米芯、秸秆等。

(2) 氮源。能够被食用菌用来构建细胞或代谢产物中氮素来源的营养物质。食用菌菌丝体可以直接吸收氨基酸、尿素和硝酸钾等小分子含氮化合物，但蛋白质类高分子化合物须经蛋白酶水解成氨基酸后才能被吸收。生产上常用的有机氮有蛋白胨、酵母膏、尿素、豆饼、麦麸、米糠、黄豆饼和畜禽粪便等。

(3) 水。各种食用菌的含水量都在90%左右。子实体的长大主要是细胞贮藏养料和水分的过程。食用菌生长发育所需水分大部分来自培养料，菌丝生长的培养料含水量在55%～65%。

(4) 无机盐。主要功能是构成菌体的成分；作为辅酶或酶的组分或维持酶的活性；还具有调节渗透压、氢离子浓度及pH、氧化还原电位等作用。培养料中常添加钙、镁、硫、磷等，如磷酸二氢钾、磷酸氢二钾、硫酸镁等。

(5) 维生素。如硫胺素（维生素B_1）、核黄素（维生素B_2）、泛酸、叶酸、盐酸等主要参与新陈代谢活动，促进养分转移和子实体的形成。马铃薯、麸皮、米糠中均含有丰富的维生素，配制培养基时不需要另外添加。但维生素不耐高温，在 120 ℃以上时易被破坏，因此在培养基灭菌时应避免温度过高。

2. 如何选择食用菌栽培原料？

食用菌栽培原料大多数为农林副产品或农业废弃物，常用的包括棉籽壳、玉米芯、木屑等，原料不同，出菇产量和品质也有所不同。

(1) 棉籽壳。是脱绒棉籽的种皮，资源较丰富，质地疏松，作为基料通透性好，碳氮比较为合适，适于生料、发酵料和熟料栽培，产量较稳定，为平菇栽培的首选原料。棉籽壳有粗壳、中粗壳、细壳之分，有绒多、绒少之分，还有含棉仁多少之分。一般，粗壳、绒少壳、含棉仁少的壳发菌好于细壳、绒多壳、含棉仁多的壳，但后者产量高于前者，因此在购买时要两者兼顾，灵活机动。

(2) 玉米芯。是脱去玉米粒的玉米棒，在本地及周边地区资源较丰富。玉米芯通透性较好，干玉米芯含水量约 8.7%，有机质含量 91.3%，碳氮比较高，配料时应加大氮素原料的含量。以玉米芯为主料，第一、二潮菇产量相对理想，后期产量偏低。此外，玉米芯不适宜作生料栽培。

(3) 木屑。是锯木加工产生的下脚料，也可用树枝加工粉碎而成。适宜食用菌生产的木屑以阔叶树木为佳。一般含粗蛋白质 1.5%、粗纤维 71.2%、粗脂肪 1.1%。松、杉木屑也可用于生产，但在使用前要堆置半年至一年，以自然挥发其中的芳香物质。一般颗粒较粗的木屑比细木屑好，硬质木屑比软质木屑好。但要注意去除粗木屑中的尖刺木片，以免扎破塑料袋。

(4) 秸秆。用作物秸秆应发酵后接种，否则应熟料栽培，生料播种的烧菌概率较高。玉米秸秆应经晒后粉碎，棉秆的粉碎需两道工序，即先行切碎至1～2厘米长，再行粉碎到木屑大小，由于其外皮部柔韧性较强，故单纯的粉碎效果不好，试验证明：棉秆利用效果要优于一般木屑或秸秆。

(5) 麦麸。是小麦籽粒加工面粉时的副产品。含有16种氨基酸，尤其以谷氨酸含量最高。营养丰富、质地疏松，透气性好；但由于氮素含量较高，易滋生霉菌，生产中要避免使用变质发霉的麦麸。添加量一般为10%～15%。

(6) 玉米粉。即玉米面，是玉米籽粒的粉碎物，一般含水量12.2%，有机质含量87.8%，维生素B_2含量高于其他谷类作物，在培养料中添加5%～10%可以增加菌丝活力，提高产量。

3. 食用菌栽培场所有哪些要求？

食用菌栽培场所应清洁卫生、地势平坦、排灌方便，有饮用水源。栽培场地周边5千米以内无化学污染源；100米内无集市、水泥厂、石灰厂、木材加工厂等扬尘源；50米之内无禽畜舍、垃圾场和死水池塘等危害食用菌的病虫源滋生地；距公路主干线200米以上。

各类温室、拱棚、园艺设施均可用作菇房（棚），要求通风良好，可密闭；夏季要搭建荫棚。棚外应配备调节温度和光线的保温被、草苫、遮阳网等，棚内安装雾化微喷系统，通风处和房门安装防虫网防虫。

4. 食用菌生长需要哪些环境条件？

(1) 温度。大多数食用菌喜低温、怕高温，生长适温一般在20～30℃（草菇等例外）。菌丝体耐低温能力往往较强，一般在0℃左右只是停止生长，并不死亡，如菇木中的香菇菌丝体即使在−30 ℃的低温下也不会死亡。但草菇的菌丝体在 40 ℃下仍能旺盛生长，5 ℃时就会逐渐死亡。

(2) 湿度。食用菌的菌丝体生长和子实体发育阶段所要求的空气相对湿度不同，大多数食用菌的菌丝体生长要求的空气相对湿度为 65%～75%；子实体发育阶段要求的相对湿度为 80%～95%。如果菇房或菇棚的相对湿度低于 60%，侧耳等子实体的生长就会停止；当相对湿度降至 40%～45%时，子实体不再分化，已分化的幼菇也会干枯死亡。但菇房的相对湿度也不宜超过 96%，菇房过于潮湿，易导致病菌滋生，也有碍子实体的正常蒸腾作用，导致子实体发育不良，表现为只长菌柄、不长菌盖或盖小肉薄。

(3) 空气（氧气和二氧化碳）。一般菌丝生长期对氧气的需求量相对较小，对二氧化碳也不敏感，但随着菌丝体的生长，培养料中不断产生 CO_2、H_2S、NH_3 等废气，若不适量的通风换气，菌丝逐渐发黄、萎缩或死亡。微量的二氧化碳（浓度 0.03%～0.1%）对双孢菇、草菇子实体的分化有利。但高浓度二氧化碳对猴头菇、灵芝、金顶侧耳、大肥菇的分化有抑制作用，将会推迟原基形成时间。当二氧化碳浓度达到 0.1%以上时，即对子实体有害。如灵芝子实体在二氧化碳浓度为 0.1%环境中，一般不形成菌盖，菌柄分化成鹿角状分枝，而猴头菇形成珊瑚状分枝，双孢菇、香菇出现柄长、开伞早的畸形菇。二氧化碳浓度达到 5%时，会抑制金针菇的菌盖分化，影响香菇、双孢菇子实体的形成。生产中，经常通过调节二氧化碳浓度来调节和控制子实体的生长。

(4) 光照。食用菌在生长过程中与绿色植物不同，它没有叶绿素，不会进行光合作用，不需要直射光线。食用菌菌丝体生长阶段不需要任何光线。一定的散射光可以促进某些子实体的分化发育。例如，香菇、草菇等食用菌在完全黑暗条件下不形成子实体；平菇、灵芝等食用菌在无光下虽能形成子实体，但菇体生长畸形，只长菌柄不长菌盖，不产孢子。但有的食用菌连散射光线也不需要，如双孢蘑菇、大肥菇及茯苓等，可以在完全黑暗的情况下完成其生活史。

此外，光线还直接影响着食用菌子实体的色泽，光线不足时，草菇是灰白色，黑木耳的色泽黄、淡，各种菇的色泽不理想，商品价值降低。测量光线强弱的简易方法可以利用书报，在适宜距离范围，正常眼力能看清5号字为适宜栽培食用菌所需的光线。

（5）酸碱度（pH）。酸碱度（pH）会影响细胞内酶的活性及酶促反应的速度，是影响食用菌生长的因素之一。不同种类的食用菌菌丝体生长所需要的基质酸碱度不同，大多数食用菌喜欢偏酸性环境，菌丝生长的pH在3～6.5，最适pH为5.0～5.5。大部分食用菌在pH大于7.0时生长受阻，大于8.0时生长停止。但也有例外，如草菇喜中性偏碱的环境。

食用菌分解有机物过程中，常产生一些有机酸，这些有机酸的积累可使基质pH降低；同时，培养基灭菌后的pH也略有降低。因此，在配制培养基时应将pH适当调高，或在配制培养基时添加0.2%磷酸氢二钾或磷酸二氢钾作为缓冲剂；如果所培养的食用菌产酸过多，可添加少许碳酸钙作为中和剂，从而使菌丝生长在pH较稳定的培养基内。

5. 食用菌栽培的设施有哪几种？各有什么要求？

（1）日光温室。跨度7～8米，脊高3.2～3.5米，墙体厚度80厘米以上，墙体中间有珍珠岩或泡沫保温层，有棚膜、保温被或适当厚度的草帘。既有良好的采光、升温效果，又有良好的保温作用。后墙留有上下两排通风口，可进行通风，调控室内氧气及温度、湿度。夏季生产需要设置遮阳率80%～90%的遮阳网，悬挂在温室上方1米左右的地方，以起到降温作用。此外，棚内要有微喷设施，接有清洁水源。

（2）半地下温室。整个温室底部位于地面下1米左右，以减少地面散热面积，提高温室的保温效果。建温室前从地面向下挖1米左右，内部跨度7～8米，脊高3.2～3.5米，墙体厚度80厘米以上，有棚膜、保温被或适当厚度的草帘。既有良好的采光、升温效果，又有良好的保温作用。后墙留有1排通风口，可进行通风，调控室内氧气及温度、湿度。温室周围建有良好的排水系统，可防止雨水灌到棚内造成灾害。

（3）春秋大棚。选择地势平坦、通风良好、排水方便的场地，用镀锌钢管弯成弧形支架作为骨架，通常棚宽8米，顶高3.5米，长度根据场地及管理方面的原则而定，一般选50米。棚两侧安装卷帘器。棚两端设置缓冲间：正门2米×2米×4米，出口1米×1米×2米，用80目防虫网封闭，防止菇蚊、菇蝇等飞入危害生产。在缓冲间挂置两块粘虫板，用于捕杀飞入缓冲间的蚊虫。缓冲间使用时，正门和出口严禁同时开启，以免蚊虫随气流飞入棚内。棚内顶部设置微喷设施。棚外加盖塑料布和遮阳网。棚顶0.5米安装水平遮阳网，以便降温。

（4）林地大棚。一般选择地势平坦、排水方便、行距4～6米、株距3～4米、树龄4年以上的速生林地内，在树行间建棚，一般宽3米、顶高2.5米，长度根据林地及管理方面的原则而定。拱棚内顶部设置微喷设施。树龄小的或树势弱的林地需设置遮阳率80%～90%的遮阳网，覆盖在棚外或悬挂在棚上方0.5米左右的地方，以起到降温作用。

（5）林地小棚。林地小棚包括圆拱形和一面坡的小棚。拱形棚规格为：宽2米，高0.8～1.0米，长度以林地为准。材料为竹片、薄膜、铅丝和架杆。地上生长品种（平菇、木耳、香菇、杏鲍菇等）需立式栽培，棚中拉7条铅丝架；地栽生长品种需作畦，覆土，扣棚。一面坡小棚规格为：长2.5～3米，宽0.8～1.0米，高0.5～0.6米。

(6) 专用菇房。专用菇房指栽培双孢菇或草菇的房屋式标准化菇房。房屋为东西走向，菇房与菇房的间距为 10 米。菇房东西长为 30 米，南北宽 8 米为宜，菇房前后墙体上要按房内过道正对位置开设 30 厘米×40 厘米的通风窗。内部棚顶用钢架或竹竿建架，用草帘盖实保温，上覆塑料膜。棚内菌床由竹竿搭建而成，菌床的规格为：长 7 米，宽 1.2 米，高 45 厘米。中间设过道，过道宽 60 厘米，地面铺设水泥。

(7) 矿洞、山洞型菇房。废弃矿洞和山洞里避光阴凉，一年四季温度都在 10～25 ℃，非常适合菌类生长。利用废弃的煤矿、金属矿洞种菇之前，要在确定安全的同时，请专业人员来进行测定，确定洞内没有不良金属辐射、没有有害气体，才可以利用，以保证种植户的人身健康和出产蘑菇的品质优良。

由于食用菌是好气性菌类，缺氧会影响其生长。要求洞内必须通风良好，除了要求洞高在 2 米以上，最好有相通的洞口能形成对流或在适当的位置开设通风口。不能开设通风口，就要备有风机，可以按每 300～500 米配备一个 2 500 瓦的风机，用来加强洞内空气的流通，但要注意风机要安置在距离蘑菇 5 米以上的地方，以免打开风机时，近处的蘑菇失水过多。在矿洞里种菇，还要接好电源，提供机器用电与日常劳作所需照明，一般每隔 10 米一盏 20 瓦的灯即可。这样也能同时满足一些弱光蘑菇品种的生长需求。再有就是水源，食用菌生长需要较高的湿度，因此，必须解决生产用水问题。最好洞里有天然的蓄水池，如果洞内没有水，能够就近取水的也可以，水质要符合饮用水标准。

(8) 工厂化出菇房。工厂化菇房就是按照食用菌生长需要设计的封闭厂房。食用菌工厂化生产，不同于一般的农作物设施栽培，它是在一个相对密闭的环境条件下，利用设施和设备创造出适合不同菌类不同发育阶段的环境，是“反季节”周年栽培，因此，食用菌工厂化生产菇房具有相对密闭、保温、环境易控等特点。按栽培菌类的特性和经验尺寸分隔成若干栽培库，单间面积

36～64 米^3，出菇库平均分布在走道两侧，采用“非”字形排列。方位并非传统的坐北向南，而是南北通透。出菇库方位选择，以长江为界，长江以南出菇库走廊长轴选择正南偏东 15°，即壬山丙向，以求其通风。但北方建厂，一般在正南偏西 15°左右，以求其暖。每隔 24～30 米设置横过道，以免因为公共走道过长，中部出菇库出现缺氧，也便于人员走动。

6. 食用菌栽培主要需要哪些设备？

不同类型、不同栽培模式的食用菌生产所需设备不同，常见通用的设备主要包括混合拌料设备、装袋设备、灭菌设备、运输设备等。

（1）搅拌机。国内使用的搅拌机类型较多，包括半沉式搅拌机、全沉式搅拌机和地面立式搅拌机。送料方式主要是动力送料，如液压翻斗车送料、铲车送料、传送带送料、从上往下落料等方式。此外，还有直接使用小斗车送料方式，适合半沉式或全沉式搅拌机。搅拌时，先倒入主料，再倒入混合后的辅料，打开加水系统，边搅拌边加水。

（2）装袋机。袋式栽培工厂无论大小，填料工艺基本相同，不同的是所配置机械大小、功率、装袋速度有所差异。大型生产企业每日生产量以万计，使用大型冲压装袋机。搅拌后的培养料通过提升机源源不断进入上方输送机，控制落料孔的大小，将栽培料落入料斗，专人将薄膜袋套入八工位转盘式打包机的出料口，转换工位时，机构联动，自动落料，打孔棒插入，压板压实，打孔棒提升，旋转出包，取包，周而复始旋转；小型企业多采用脚踩式小型装袋机，填料时人工铲料、入料斗、人工套袋、双手抱紧，脚踩开关，旋转出料，缓慢后退。

瓶式栽培工厂采用装瓶机进行填料，机械化程度更高，不同菌类不同栽培厂家使用的容量不同，但其工艺流程基本相似，主要包括装瓶、打孔、上盖过程，全部由机械完成。

(3) 灭菌柜（锅）。栽培袋（瓶）填料后置于周转灭菌小车或周转筐，推入灭菌锅内灭菌。灭菌锅类型包括常压灭菌锅、高压灭菌锅和真空高压灭菌锅。其原理都是使用压力蒸汽灭菌，只是压力的高低不同。设施化栽培多使用常压灭菌，大规模连续性工厂化生产只能使用高压灭菌锅。填料后的栽培袋（瓶）通过上架机推入灭菌小车，人工推入高压灭菌锅，或机械手置于钢制托盘，叉车托起送入方形高压灭菌锅灭菌。灭菌锅的形式多样，有单门灭菌锅、双门圆形灭菌锅、双门抽真空高压灭菌锅、连续性灭菌锅及免锅炉灭菌锅等多种。灭菌锅的进锅门，使用严密的隔墙将填料车间分成有菌区和无菌区两部分。灭菌小车从一端进，从另一端出，隔墙将填料车间分隔开。

7. 如何防控生产中的杂菌污染？

食用菌生产的最大风险之一就是杂菌污染，污染传播速度很快，造成的损失无法挽回，因此在生产过程中要进行严格控制，防止污染的发生。

造成杂菌污染的主要原因包括：①料袋（瓶）制作不当，如原材料受潮发霉、培养料含水量过大、压得过实、装料太满或料袋扎口不紧等。②培养基质灭菌不彻底，表现为瓶壁和袋壁上出现不规则的杂菌群落。往往是由于灭菌的时间或压力不够；灭菌时装量过多或摆放不合理；或高压灭菌时冷空气没有排净等。③菌种带杂菌，表现为接种后，菌种块上或其周围污染杂菌。此类污染往往规模较小，污染的杂菌种类也比较一致。④接种操作中污染，此类污染常分散发生在菌种培养基表面，主要是由于接种场所消毒不彻底；或接种时无菌操作不严格。⑤培养过程中污染，灭菌时棉塞等封口材料受潮，或培养室环境不卫生、高温高湿、通风不良等均可导致封口材料受潮而发生污染。⑥出菇期污染，出菇室环境不卫生，或高温高湿、通风不良，尤其是采完一茬菇后，料面不清理，很容易发生杂菌污染。⑦破口污染，灭菌操作或运输过程中不小心，使容器破裂或出现微孔；或由于鼠害等使菌袋破损而造成污染。⑧覆土材料带杂菌、覆土材料选择不科学或没有严格消毒，造成覆土层污染。

防止杂菌污染的措施主要有：①选择地势高燥、通风良好、水源清洁、远离禽畜舍等污染源的场所作菌种场和栽培场地。②把好培养基和栽培袋的制作关。选择新鲜、干燥、无霉变的培养料，用前暴晒2～3天；含水量要适宜，料要拌匀；当天配料要当天分装灭菌。③培养基质灭菌要彻底。要保证灭菌的压力和时间；装量不能太满，容器之间要有缝隙；高压灭菌时排放冷空气要完全。④严格检查菌种质量，适当加大菌种量。选用无病虫害、生活力强、抗逆性强的优良菌种。⑤接种场所消毒要彻底，接种时严格无菌操作。灭完菌的料瓶（袋）应直接进入洁净的冷却室或接种室；接种动作要迅速准确，防止杂菌侵入。⑥搞好培养室和出菇室的环境卫生，改善食用菌生长发育的环境条件。培养室和出菇室用前要严格消毒，培养过程中要加强通风换气，严防高温高湿。⑦定期检查，发现污染及时处理。污染的菌种要立即销毁。对污染轻的栽培袋可进行处理，如用浓石灰水、75%的酒精或0.1%的多菌灵等抑菌剂或杀菌剂擦洗或注射污染处，均可控制杂菌蔓延；然后，将处理的栽培袋置于低温处隔离培养。段木或畦栽发生污染时，可先挖去患病部位，然后进行药剂处理。如果栽培袋杂菌发生严重，可将其运至远处深埋或烧毁，切忌到处乱扔或未经处理就脱袋摊晒。⑧生料栽培时，为了抑制杂菌，可加入1%～2%的石灰来提高培养料的pH；为了降低杂菌基数，培养料要充分发酵，并可加入适量的多菌灵等杀菌剂拌料。⑨畦栽时，覆土材料宜选用河泥砻糠土或大田的深层土，并要严格发酵或消毒。

食用菌菌种制作

8. 食用菌菌种如何分类？

食用菌菌种是指食用菌菌丝体及其生长基质组成的繁殖材料。根据生长基质不同分为三大类：

（1）固体菌种。用固体基质培养的菌种。如棉籽壳种、木屑种、粪草种、谷粒种、木条（块）种和颗粒种等。又分为母种（一级种）、原种（二级种）和栽培种（三级种）。

（2）液体菌种。用液体基质培养的菌种，经过深层发酵，菌丝体在培养基中呈絮状或球状。多用于工厂化生产。生长在液体培养基中的菌丝体，在产业应用上又称为深层发酵或深层培养。

（3）还原型液体菌种。指采用高新增殖技术，经特殊处理获得的纯菌丝块。几乎不含基质营养成分，具有高度的稳定性。

9. 如何选购食用菌菌种？

① 购种前要先了解所需菌种的种性，如所需温度、适宜栽培原料、市场对该品种的需求情况等。到正规、有资质的菌种生产单位引种。

② 选择菌龄适宜的菌种：一般接种一个月之内，菌丝生活力最强。如果菌种长出原基为成熟，表明菌种已成熟，应尽快使用；原基一旦变干枯或菌丝柱收缩，底部出现积液时，表明菌种

已老化，不能再使用了，应该坚决淘汰，使用其他菌龄较短的菌种。淘汰的菌种可作为出菇的菌棒，不会造成浪费。

③ 优质的食用菌菌种应该是菌丝体浓白、紧密、含水量适当，没有其他颜色或老化现象或小菇蕾出现，没有杂菌感染，没有虫害等。

10. 菌种制作需要什么设备和工具?

(1) 接种设备。接种操作需要在无菌的环境中进行。一般菌种生产中可以采用接种箱和超净工作台。大规模生产时，通常用接种帐或接种间。工厂化生产一般有专门的无菌接种室。接种箱通常采用木质结构，有单人操作的，也有供双人操作使用的，一般前后观察窗均安装玻璃，便于操作。观察窗应保持 70°倾斜面，且可开启，作为接种箱进出物品的通道。必要时，还可以在两侧留侧门。在观察窗下面的木挡板留 2 个操作孔，套上布套袖，用于操作人员将手臂伸入箱内接种。接种前，先用药物熏蒸并打开箱内的紫外线灯进行消毒，然后关闭紫外线灯，点燃箱内的酒精灯，用酒精擦拭手后开始接种。接种箱容积要大小适宜，若单人操作，以一次能放入 60～80 只 750 毫升的菌种瓶为宜；若双人操作，以一次放入菌种瓶 120～150 只为宜。除接种器具外，接种箱内不要放置其他无关物品。

超净工作台也称为净化工作台，是提供局部无尘、无菌工作环境的空气净化设备。按净化空气的气流方向不同，可分为水平层流式和垂直层流式；按操作台容量大小分单人作业式和双人作业式。

(2) 接种工具。在将菌种转移的过程中，需要使用专用的工具，称为接种工具。这些接种工具大部分用不锈钢丝锻制和用碳钢制造后进行镀镍处理，手柄处常用塑料浇注成形。接种工具可以购买也可以自制。常用到的接种工具有接种刀、扒、铲、环、针、匙和镊等。这些工具在使用时，需经过高压湿热灭菌或干热灭菌，也可以用酒精灯火焰充分灼烧接种端，以保证接种过程中不携带杂菌。接种室内应配备有医用解剖刀、手术刀、酒精灯、搪瓷方盘、培养皿、广口瓶、试管架等接种辅助工具。

11. 常用的消毒方式有哪些？

（1）氧化剂。常用的氧化剂有高锰酸钾、过氧化氢、臭氧、过氧乙酸、漂白粉等。用0.1%～0.2%浓度的高锰酸钾溶液作用10～30分钟，可杀死微生物营养体；2%～3%浓度的高锰酸钾溶液短时间作用可导致菌体和芽孢死亡。高锰酸钾水溶液暴露在空气中易分解，应随配随用。

（2）还原剂。甲醛是常用的还原性消毒剂，商品福尔马林是含有37%～40%的甲醛溶液。5%的福尔马林可杀死细菌芽孢和真菌孢子。

（3）表面活性剂。

① 乙醇。以70%～75%酒精的消毒力最强。浓度过高或过低消毒效果都差。常用于接种前的手指消毒及不耐热制品的消毒。

② 石炭酸。一般用5%的水溶液作消毒剂。配制时需先用热水溶化。

③ 来苏儿（甲酚皂溶液）。为棕色黏稠液体，甲酚含量48%～52%，可溶于水，其杀菌力为石炭酸的4倍。

④ 新洁尔灭。为淡黄色胶体状，具有芳香味，易溶于水，具表面活性作用，消毒特点是快速、彻底、高效。

（4）其他消毒剂。

① 石灰。石灰有生石灰和熟石灰之分，以4份生石灰加入1份水，即成熟石灰，并放出热，具有杀菌作用。用2%石灰水泼洒进行环境消毒。

② 硫黄。硫黄常用于培菌室和出菇房等空间熏蒸杀菌。按每立方米体积用15克硫黄熏蒸，进行环境消毒。

（5）紫外线消毒。 紫外线是波长 180～400 纳米的辐射线，作用于生物体时可导致细胞内核酸及蛋白质发生光化学变化而使细胞死亡。紫外线杀菌作用最强的波长是 250～265 纳米。由于紫外线为低能量的辐射线，对物体的穿透力差，因此其消毒作用仅适用于空气和物体表面，一般用于接种室或接种箱的辅助消毒。

紫外灯管的使用时限约为 4 000 小时，消毒的有效区域为灯管周围 2 米内，1.2 米以内消毒效果最好。一般 10 $米^3$ 的空间，用 30 瓦的紫外灯照射 20～30 分钟即可达到消毒的目的。

（6）巴氏消毒。 亦称低温消毒法，冷杀菌法。是一种利用较低的温度既可杀死食品中具有侵染性的微生物又能保持物品中营养物质和风味不变的消毒方法。巴氏消毒法主要有两种，一种是将液体加热到 62～65 ℃，保持 30 分钟，采用这一方法可杀死液体中各种生长型致病菌，经消毒后残留的只是部分嗜热菌及耐热性菌及芽孢等；第二种是将液体加热到 75～90 ℃，保持 15～16 秒，其杀菌时间更短，工作效率更高。而食用菌培养料的巴氏消毒是指将培养料保持 60～70 ℃一定时间、杀灭有害微生物的过程。

12. 常用的灭菌方法有哪些？

（1）常压蒸汽灭菌。 常压蒸汽灭菌的温度为 100 ℃，水蒸气凝聚时放出潜在热，水蒸气凝聚收缩产生负压，可使外层蒸汽又补充进来。因此，热力可以不断穿透到深处。常压灭菌培养料的营养成分被破坏的程度低，但灭菌时间长，燃料消耗多，达到 100 ℃后需要保持 10 小时以上才能保证灭菌效果。主要用于栽培料的灭菌。

（2）高压蒸汽灭菌。

① 手提式高压灭菌锅。手提式高压灭菌器属于小型高压灭菌设备，这种灭菌锅容量小，约 14 升，主要用于食用菌试管母种（一级种）培养基、无菌水等器具的灭菌，一般一次可以灭 18 毫

米×180毫米的试管120～150只，灭菌时间短（30分钟左右）。

② 大型高压灭菌设备。压力一般可达1.5～2千克/米^2，温度125℃以上。在此温度和压力下保持2～3小时即可彻底灭菌。利用高压蒸气设备灭菌时，应注意两点：一是灭菌罐内的菌种瓶排列密度要适当，使蒸汽畅通、无死角；二是灭菌罐内冷空气必须排尽，通蒸汽后；打开排气阀，随着罐内温度上升，锅内冷空气便逐渐排出。当有大量蒸汽从排气阀中排出时，再关闭排气阀。灭菌结束后，让其自然冷却。当压力指针归零时，打开罐盖1/4，利用余热烘烤棉塞，防止骤冷产生冷凝水。然后趁热取出，送入清洁的冷却室进行冷却。

(3) 灼烧灭菌。 耐热物品直接在火焰上灼烧进行灭菌。一般灼烧几秒至几十秒即可。只适用于一些金属物品，如接种铲、接种针、接种环等。

(4) 干热灭菌。 干热灭菌的设备是电热干燥箱，待灭菌的物品洗涤干净后晾干或擦干放入干燥箱，使温度缓慢上升到65℃，再将温度提高到160℃，保持2小时，即可达到灭菌的目的。灭菌结束后，待温度降至45℃左右才能取出灭菌物品。适用于干热灭菌的物品主要有培养皿、试管、吸管、棉塞、滤纸等，干热灭菌温度不能超过160℃，以防箱内纸、棉塞等纤维材料碳化变焦。

13. 接种的无菌操作有什么要求？

① 接种空间一定要彻底灭菌。

② 经灼烧灭菌的工具须贴在管或瓶壁上冷却后再取菌种，所取菌种也不得在火焰旁停留，以免灼伤菌种。

③ 菌种所暴露或通过的空间，必须无菌。

④ 菌种与容器外空间的通道口，须用酒精灯火焰灭菌。

⑤ 各种工具与菌种接触前都应经火焰灼烧灭菌。

⑥ 棉塞塞入管口或瓶口部分，拔出后不得与未经灭菌的物

体接触。

⑦ 每次操作时间宜尽量缩短，避免因室内空气交换而增加杂菌。

14. 什么是组织分离技术？如何操作？

组织分离技术是利用菇类组织块能再生成菌丝的特性而获得纯种的一种简洁方法。是野外采集菌种和食用菌栽培中防止品性退化、保持优良品种特性常用的一种无性繁殖手段，此法适宜多数食用菌，是野外工作者和种菇专业户必须掌握的一种方法。以香菇为例，其组织分离的步骤如下：

（1）种菇的选择。在优良品种出菇时，选择单菇重量大、菌盖圆整、菌柄细短、菌肉厚实、颜色鲜、有鳞片且无病虫害的单菇，要求开伞度在7～8分、正处在正常生长中的种菇。

（2）种菇的无菌处理。种菇采收后，可浸入0.1%升汞溶液中消毒约1分钟，用镊子取出后经无菌水冲洗数次或无菌水中漂洗，以洗掉表面黏附的药剂，再用无菌滤纸或纱布把表面游离水分吸干。不具备上述处理条件的也可直接用75%酒精棉球，轻轻擦拭菌盖及菌柄，进行表面消毒。

（3）分离接种。在无菌条件下，切取种菇的组织块，用酒精擦手消毒后，纵向将种菇掰开，迅速用无菌接种刀将掰开菇的菌盖和菌柄的交界处菌肉上横划两刀，并在划口中间每隔2毫米竖划一刀，及时用镊子夹取组织块，迅速接入试管斜面培养基中间部位，并用镊子稍压一下，以保证组织块与培养基充分接触。

15. 如何转接母种？

接种前要检查供接种母种的纯度和生活力，检查菌种内或棉塞上有无霉菌斑和细菌菌落。使用冰箱中保存的母种时，要提前取出，活化1～2天再用；若母种在冰箱中保藏的时间较长，超过3个月，最好转管培养一次再用，以提高菌种生活力，保证接种成功。

母种接种在超净工作台或接种箱内进行，首先消毒手和菌种试管外壁，再点燃酒精灯，用左手的大拇指和其他四指握住要转接的菌种和斜面培养基，在酒精灯附近拔掉棉塞，用酒精灯灼烧接种锄和试管口，冷却接种锄，取少量菌种（绿豆大小），深度以稍带培养基为适，然后将菌种块迅速放到待接试管斜面的中心位置，抽出接种钩后，再把试管口灼烧一下，棉塞过火后迅速塞好，贴好标签。整个过程要快速、准确、熟练。一般1支母种可以转接大约30支试管（图2-1）。

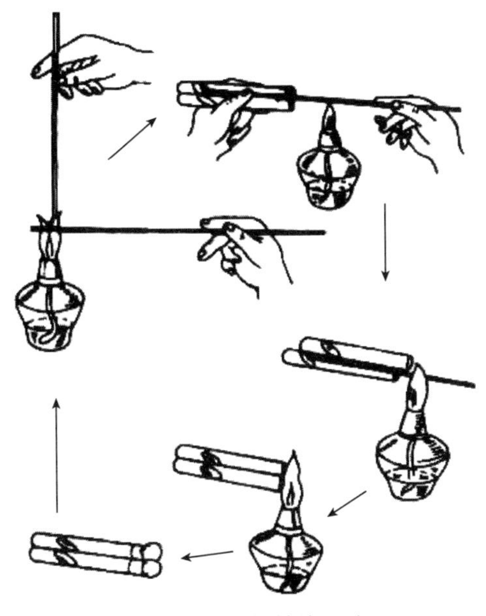

图2-1　试管转接母种

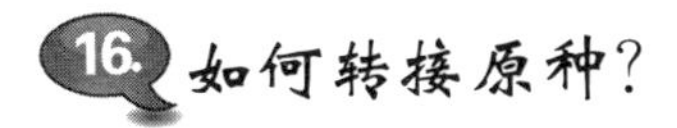

16. 如何转接原种？

斜面母种接瓶装原种培养基时，一般可按母种转管的要求操作，只是接种工具可根据不同接种内容而适当更换。接种者手持母种试管，用酒精棉球将试管擦2次，然后拔开棉塞，试管口对准酒精灯火焰上方，用火焰烧一下管口，把烧过的接种锄迅速插入种管内贴试管壁冷却，将斜面前端1厘米长的菌丝块挖去，剩余的斜面分成3～4段，将每段连同培养基一同挑出。另一个人在酒精灯火焰上方，在接种者取好菌种块的同时拔开原种瓶棉塞（塑料纸盖），接种者将菌种块取出，快速接入原种瓶的接种穴内，棉塞过火焰后塞好。1支母种转接原种不超过6瓶，接种块大于12毫米×15毫米。每接完一支试管，接种锄要重新消毒，防止交叉感染。接完种后，立即将台面收拾干净，将各种残物如试管、洒落的培养基、消毒用过的棉球等均清出室外，按照前述方法进行第二轮接种（图2-2）。

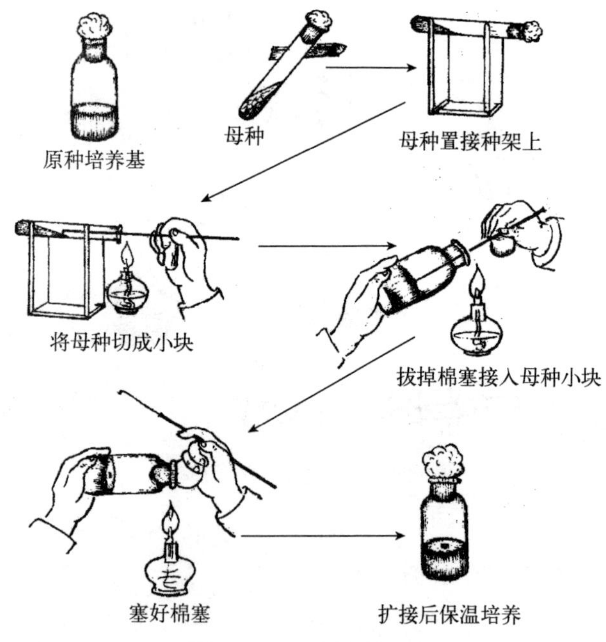

图2-2　母种转接原种

17. 如何转接栽培种？

栽培种的接种和原种有一点不同，即原种接种用的是试管母种，而栽培种接种用的是原种。以瓶装原种接袋装栽培种为例，在酒精灯火焰上方拔出原种瓶棉塞，将菌种瓶置于菌种瓶架上或2人配合接种，在酒精灯火焰上封口；用接种铲刮去瓶内菌种表面的老菌皮，再将菌种挖松并稍加搅拌，注意菌种应挖成花生米大小，不宜过碎，然后接种。若棉塞较大，不能全部拿在手里，可将菌种瓶塞放在经过高温灭菌的培养皿中，只将待接种瓶塞握在手里，也可和菌种瓶塞放在一起（图2-3）。一瓶原种转接栽培种30～50袋。

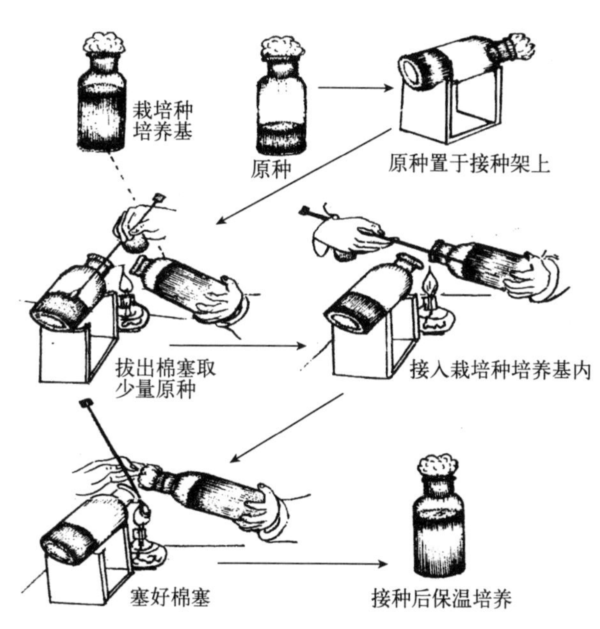

图2-3　原种转接栽培种

18. 菌种培养期间的注意事项有哪些？

① 培养室要求易控温，较干燥（相对湿度 70%左右），遮光，整洁干净，空气新鲜，防虫防鼠。可用气雾熏蒸或 3%～5%石炭酸或 1%～2%来苏儿喷雾消毒。

② 调整好培养温度，注意室温和料温之间的温差，通常料温比室温高 2～3 ℃。注意相对湿度，呼吸作用产生水汽。

③ 认真检查，及时拣出污染种和劣种。母种：接种后 48～72 小时开始第一次检查，5～7 天时第二次检查，长满斜面前第三次检查。原种、栽培种：接种后 3～7 天内第一次检查，长满表面第二次检查，长深入料层 2～5 厘米时第三次检查，长满前 2～7天第四次检查。

19. 如何制作液体菌种？

液体菌种是指采用液体培养基培养而得到的纯双核菌丝体，菌丝体在培养基中呈絮状或球体，液体菌种可以作为原种或栽培种使用。液体菌种生产周期短、菌龄整齐、菌丝繁殖快，生长过程中还可以根据菌丝体的需要中途补充养分及调节酸碱度；另外，液体菌种还便于进行机械化接种，在工厂化生产中具有明显优势；但液体菌种在运输和保藏过程中易污染，设备投资大。

目前，液体菌种的生产方式主要有两种，一种是摇床三角瓶振荡培养，另一种是利用液体发酵罐进行深层发酵培养。随着工厂化生产技术的快速发展，液体菌种发展及使用越来越普及。

(1) 液体培养基的配方。液体培养基常用马铃薯、玉米面、豆饼粉、蔗糖及磷酸二氢钾、硫酸镁、维生素、蛋白胨、酵母浸膏等配制而成。常用配方如下。

① 马铃薯 100 克，麸皮 30 克，红糖 15 克，葡萄糖 10 克，

蛋白胨 1.5 克，磷酸二氢钾 1.5 克，硫酸镁 0.75 克，维生素 B_1 0.1 毫克，水 1 000 毫升，pH 6.5。

② 马铃薯 200 克，葡萄糖 20 克，蛋白胨 2 克，磷酸二氢钾 0.5 克，硫酸镁 0.5 克，氯化钠 0.1 克，水 1 000 毫升，pH 自然。

③ 玉米粉 30 克，蔗糖 10 克，磷酸二氢钾 3 克，硫酸镁 1.5 克，水 1 000 毫升。

④ 豆饼粉 20 克，玉米粉 10 克，葡萄糖 30 克，酵母粉 5 克，碳酸钙 2 克，磷酸二氢钾 1 克，硫酸镁 0.5 克，水 1 000 毫升，pH 自然。

⑤ 可溶性淀粉 30～60 克，蔗糖 10 克，磷酸二氢钾 3 克，硫酸镁 3 克，酵母膏 1 克，水 1 000 毫升，pH 6。

（2）液体培养基配制。液体培养基的配制同固体母种培养基的制作，只是不加琼脂。

（3）液体菌种的制作。

① 摇床三角瓶振荡培养法。首先，将制作好的 100～150 毫升培养液装入 500 毫升三角瓶内，同时放入 10～15 粒小玻璃珠；用 8～12 层纱布或透气封口膜封口，纱布或封口膜外再包一层牛皮纸。然后将三角瓶在 1.1 千克/厘米^2 压力下灭菌 30 分钟，灭菌后冷却至 30 ℃以下。在无菌条件下接种，每支斜面母种接 10 瓶左右。接种后的三角瓶置摇床上进行振荡培养，振荡频率为 80～100 次/分钟，振幅 6～10 厘米，在适温下振荡培养 72～96 小时。培养结束时，培养液清澈透明，其中悬浮着大量的小菌丝球，并伴有各种菇类特有的香味。如果培养液混浊，多是细菌污染所致。因菌种不同，培养液的色泽有一定差异，如平菇的培养液为浅黄色。

摇瓶菌种数量较少，一般只适用于固体菌种（主要是栽培种）的接种；摇瓶菌种也可供发酵罐接种用，或用于转接三角瓶。摇瓶培养的液体菌种，在 4 ℃冰箱中可保存 1～2 个月，在

15～20 ℃室温下可保存 7～10 天。

② 深层发酵培养法。深层发酵培养是利用发酵罐生产液体菌种的方法。包括四大系统，即温控系统、供气系统、冷却系统和搅拌系统。液体菌种深层发酵培养的工艺流程见图 2－4。

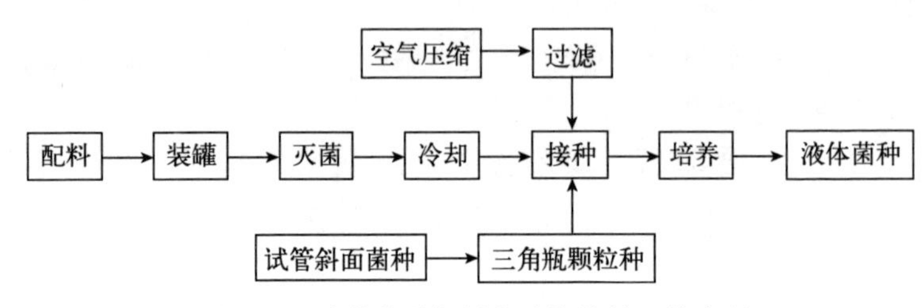

图 2－4 液体菌种深层发酵培养的工艺流程

首先把配制好的液体培养基装入发酵罐内，在 121 ℃下灭菌 30 分钟左右，然后用夹层的水冷却至培养温度；发酵罐上端有装料口，也可作接种口，将三角瓶颗粒种并瓶后在火焰圈的保护下倒入罐体内，要求动作快、操作准确；最后根据不同的菌种设定适宜的培养温度。培养期间应注意观察并做好记录，包括温度、压力、气流量等，还可随时无菌操作进行采样检查，几天后菌丝球密度合适时即为液体菌种。液体菌种老化快，不耐贮藏，应尽快使用。

20. 木条菌种有什么特点？如何制作和使用？

木条菌种与其他固体菌种相比，具有以下特点：一是用种量少，生产成本低。根据木条粗细不同，一袋木条种可以接种120～240个栽培袋，是常规菌种接种量的 4～8 倍。二是发菌速度快，菌龄一致。菌丝不用重新愈合，接种面积大，通气性好；立体发菌，菌种离料底近，

木条菌种的使用

菌丝满袋快，全袋菌一致，菌丝同步，不老化，保证出菇优良，产量高。三是接种方便，节省劳动力。以一头出菇的平菇菌棒接种为例，每人每小时可接种400袋，是常规菌种接种速度的3～4倍。

(1) 木条菌种制作方法。

① 木条的选择。要求使用较硬实、耐蒸煮、不软化、易接种的材料，如树木枝条、竹片、一次性筷子、雪糕棒（阔叶木制成的）均可。可直接购买成品，也可用原料木材经过切、削、钻等方法加工成合适长度及大小。木条长度一般要比栽培菌袋短2～3厘米。

② 木条的浸泡。常温（20℃左右）条件下，用2%的石灰水浸泡竹片/木条2天，将其泡透。捞出后用清水冲洗干净，阴干待用。

③ 辅料的准备。将白面粉和玉米面拌匀后成辅料，白面粉与玉米面的比例为4∶1。备好的竹片/木条在配制好的辅料中滚动，均匀沾上一层辅料后装瓶（袋）。

④ 装瓶（袋）。制作二级种最好用竹片制作。将竹片整捆装进菌种瓶或菌种袋中（750毫升的菌种瓶，每瓶可装竹片160根左右；15厘米×27厘米的菌袋，每袋可装240～250根）。装好后顶部铺薄薄一层棉籽壳（事先用2%石灰水洗净），菌种瓶塞上棉塞后盖一层塑料膜，菌袋袋口套上套环，扣盖儿前在环上盖一层塑料膜，然后再盖上盖子准备灭菌，防止水蒸气进入瓶内或袋内；制作三级菌种的方法与二级菌种相同，一般选用15厘米×27厘米的菌袋，将竹片换作木条或雪糕棒。

⑤ 灭菌。常压灭菌，100℃保持10小时左右。

⑥ 接种。出锅完全冷却后在接种箱进行无菌接种。先打开盖口，揭掉塑料膜，用灭过菌的胶棒在待接菌种袋内打个孔，接入事先准备好的菌种后马上扣盖，然后上架培养。一般试管母种可转接二级种3～4瓶/袋，二级种的接种数量以装竹片数量来确

定（一根竹片可接1瓶/袋三级种）。

⑦ 培养。接种后在22～24℃环境下培养25天左右，再后熟2～3天，使菌丝充分吃入木条中后方可使用。这样的菌种接种成活率高，发菌速度快。培养过程注意保持环境的空气流通，否则容易增加污染率。

（2）木条菌种的使用。以接种一头出菇的平菇菌棒为例。选择晴朗的早晨进行，灭好菌的菌棒在棚内直立摆放，高温季节棒与棒之间留1～2厘米的空隙，低温季节可紧密排列。接种时不搬动菌棒，4人一组，1人掀去塑料膜，1人打孔，1人接种，1人用一层报纸进行封口，每小时可接种1 400袋左右。

21. 什么是菌种老化和菌种退化？

菌种老化是指菌种（如1支试管斜面母种、1瓶原种或栽培种）由于培养期间高温或培养时间过长而出现菌种体外观的老化，是个体特征。这样的菌种直接生产效果不好，但经适当条件和方法活化后再用于生产，其优良性状仍可保持。如菌种保藏机构保藏6个月的菌种，外观看起来很老的平菇母种，直接接原种不易萌发，但再经一次转管后仍可作母种使用。

菌种退化是指菌种在生长发育过程中发生变异或生长状况下降，丧失原来的特征，而在菌种生长阶段表现异常的现象，是群体特征。菌种退化的表现有以下几种。

① 形态表现。某些双核菌丝出现生长缓慢和白色、浓密的三角形菌落；菌丝长势变稀，子实体原基的产生减少；产生无性孢子的能力大幅度上升或大幅度下降。

② 代谢产物的变化。药用菌产生有药理活性次生代谢产物的能力大幅度下降；菌丝越来越稀，菌球少，毛刺少，培养周期越来越长。

③ 色香的变化。菌株斜面培养时，产生异常的色素或由产

出色素变为不产色素，或产出色素量大幅度增加或减少。

④ 镜检。菌丝易老化，镜检时发现空泡多；大量的菌丝由原来的锁状联合变成无锁状联合而出现大量单核化菌丝。

22. 如何防止菌种退化？

（1）减少扩接。食用菌的退化性变异，是在繁殖过程中发生的，常用控制菌种移接次数来防止。生产中减少菌种移接次数，当获得优良菌种后，转管扩接最多不要超过5次。

（2）低温保藏。为防止基因突变，一般宜在0～4℃保藏菌种。目前国内、外为防止菌种退化，均采用液态氮在超低温条件下保藏。

（3）分离纯化。对保藏的优质菌种需要经常分离纯化，一般每次出菇后，都应挑选符合本品种特征的优良子实体进行组织分离，每年进行一次孢子分离，并经出菇鉴定后，选择性状优良者再进行组织分离。总之，有性孢子分离与无性组织分离要交替使用。以有性繁殖来发现好的变异菌株，用组织分离来巩固这些优良菌株的遗传。

（4）菌种复壮。复壮只能使菌种恢复健康，而不能使其恢复年轻。当某一菌种因环境条件不适宜、生长发育不良时，给予适宜的条件，菌丝会比原来长得旺盛，就称为复壮。复壮的措施很多，如选择该菌种适合的培养基、培养温度、环境、pH，防止杂菌污染及避免多品种混合栽培等。

（5）活化移植。菌种在保藏期间，通常每隔3～4个月要重新移植1次，并放在适宜的温度下培养1周左右，待菌丝基本布满斜面后，再用低温保藏。但应在培养基中添加磷酸二氢钾等盐类，使培养基pH变化不大。

（6）更新养分。各种菌类往往对培养基的营养成分喜新厌旧，连续使用同一种木屑培养基，会引起菌种退化。因此，应注意变换不同树种和配方比例的培养基。也可在配制中添加维生素E，用注射筒注入维生素E胶丸溶液，制作斜面培养基，可增强菌种新的生活力，促进良性复壮。

（7）改善环境。一个品质优良的菌种，如果受不良外界环境的影响，也会造成衰退。因此，在制种过程中，应创造适宜的温度；并注意通风换气，保持室内干燥，使其在适宜的生态条件下生长，保持性状稳定。

保证菌种的纯培养：不用被杂菌污染的菌种，不要用同一食用菌种类的不同菌株混合或近距离相连接培养。

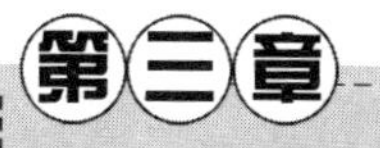

设施香菇栽培与病虫害防治

23. 如何确定设施香菇的栽培季节、栽培设施与茬口安排？

（1）栽培季节。香菇属中低温菇，具有变温结实的特性，环境温度为重要影响因子，其子实体出菇温度范围为5～30℃。偏低温类型菌株最适生长温度为12～18℃，偏中温类型菌株最适生长温度为18～22℃。农户出菇周期一般在5个月左右，按照制棒时间，主要栽培季节有两个——春栽、秋栽，即出菇时期划分的夏秋茬口和冬春茬口。

（2）栽培设施。按出菇类型划分，光面菇或普通“菜菇”可选用日光温室、钢架大棚，花菇采用简易小型专用拱棚。

（3）茬口安排。设施香菇生产周期较长，全生产季含准备时间约为10个月，因此建议各地区依照区域气候条件选择适宜制棒期。

24. 如何选择设施香菇的栽培品种？

根据香菇生长对温度的要求可将香菇品种划分为高温型、中温型、低温型和广温型4个类型。①高温型：出菇温度15～33℃，8℃以下不出菇；②中温型：出菇温度8～26℃，低于8℃或高于24℃都不能正常出菇；③低温型：出菇温度4～24℃，25℃以上不能正常出菇；④广温型：出菇温度6～30℃，低于6℃或高于 30 ℃不能正常出菇。种植者应依据当地气候条件和销售市场选择相应品种，总体来看，近年来表现较好的“花菇”品种有 135、雨花 2 号等，“光面菇”品种有森源、秋栽等，“菜菇”品种有 0912、808 等。

25. 香菇的栽培原料与生产配方有哪些？

（1）生产配方。①木屑 79%、麸皮 20%、石膏 1%；②木屑 63%、麸皮 15%、棉籽壳 20%、石膏 1%、石灰 1%；③木屑 76%、米糠 18%、玉米粉 2.2%、石膏 2%、蔗糖 1%、过磷酸钙 0.8%。

（2）原料准备。培养料要求新鲜、无霉变，硬杂木屑比单一种木屑栽培效果更好。注意添加适量的氮源，如氮过量会出现转色困难，并推迟出菇，长出子实体色浅；氮源不足菌丝生长不旺盛，产量降低。

26. 香菇菌棒制作工艺与注意事项有哪些？

香菇菌棒制作

按照生产流程，香菇菌棒制作工艺次序为：混料—装袋—灭菌—冷却—接种—发菌。最常用配方为木屑 78%、麸皮 20%、糖 1%、石膏 1%。装袋用折径为 15 厘米×（55～60）厘米的常压聚乙烯塑料袋，装料松紧适度，外表光滑；扎紧袋口，确保扎好的菌棒不开口、不漏气；入灶前要仔细查找砂眼，用透明胶带粘贴。灭菌时旺火升温，使锅内冷水尽快沸腾，以杀死某些耐高温杂菌，水沸腾后热量从锅顶及四壁逐渐向中下部料袋传递，大约要 4 小时才能透入料袋中心。因此，灭菌锅水温达到 100 ℃后，需保持 12～24 小时才能保证灭菌效果。

菌棒出锅后温度自然冷却至 28 ℃以下时方可接种，接种要搞好环境及个人卫生，用消毒盒熏蒸接种帐 3 小时后掀开一角放味，40 分钟后工作人员方可进帐进行接种。一般采用打穴接种法，7 人一组，其中，1 人打穴，3 人塞种，2 人码垛，1 人供种。春季制棒，由于气温偏低，接种后可不用套外袋，直接整垛覆膜。

但生产需要注意的是，在混料环节，培养料要反复混合均匀，准确控制含水量是混料的关键，生产中适宜香菇菌棒含水量在 60%左右；在装袋环节，要注意检查菌袋是否有微孔，以保证菌袋内原料处于封闭状态；在灭菌环节，注意灭菌温度和时长，即料中心点温度达到 100 ℃并维持足够的时间；在冷却环节，注意防止菌棒降温过快；在接种环节，注意各操作环节和作业设施处于无菌状态。

27. 如何进行香菇菌棒的发菌与转色管理？

一般接种后就地培养，减少污染概率，以“井”字形摆放，堆高视温度情况而定，每两行间留一条操作道，以利散热降温和操作管理。摆放结束后通风 3～4 小时排湿，并调控温度在 22～25 ℃，10 天内不要搬动菌袋，促进菌丝定植并快速生长。当接种口菌丝长到 6～8 厘米时进行倒堆，同时用铁钉或竹签在每个接种孔的菌丝生长末端以内 2 厘米处刺孔一圈，孔数 6～8 个。长满 1/2 时再进行第二倒堆，若有污染及时隔离。菌丝满袋 10 天时，再扎一次孔，孔深以菌袋半径为宜。培菌期间一般要求每天通风 1～2 次，气温在 25 ℃以上时，必须昼夜打开门窗通风降温。此外，培菌室应保持弱光条件，严禁阳光直射菌棒。

香菇菌丝生长发育进入生理成熟期后，表面的白色菌丝在一定气、光、温、湿条件下，逐渐变成棕褐色的一层菌膜，这个过程称为菌丝转色。转色的深浅、菌膜的薄厚，直接影响到香菇原基的发生和发育，对香菇的产量和质量影响很大，是香菇出菇管理的最重要环节。

排场后，在光线增强，氧气充足，温、湿差增大的条件下，4～7 天菌棒表面长出白色绒毛状菌丝并倒伏形成菌膜，开始转色。这时将温度调整到 23 ℃左右，不高于 28 ℃，每天揭膜通风 20～30 分钟，创造干湿差，加强光照，经过 14～15 天，菌棒转色结束，此时菌袋表面形成一层具有韧性的菌膜，具有阻止水分散发和杂菌污染的作用。

28. 如何进行香菇的出菇管理？

菌棒由白色转成褐色时，可进行出菇管理。首先要喷两天水，喷水时要使用微喷或雾喷设施，且保持间断性，菌坑内有存水即可，晚上停水一宿；第二天早晨气温低于 12 ℃时，用新的泡沫鞋底或橡胶棒进行振袋，中午可进行喷水正常管理，喷水时保持菌袋湿润有弹性即可。菇棚内温度控制在 10～25 ℃，拉开 10 ℃以上的昼夜温差，保持棚内空气新鲜有充足的氧气，调节空气相对湿度达到 80%～90%。当菌棒转色 4/5 以上，就可脱袋出菇。用小刀小心划破塑料袋，取出菌棒。将脱袋的香菇菌棒仍然交叉斜靠于床架的铁丝上，菌棒与地面的夹角以不大于 15°为宜，菌棒之间 10 厘米。

当菇蕾长至 0.5～1 厘米时，要每袋留 8～10 朵菇形好、距离均匀、大小一致的菇蕾。保持棚内温度 10～25 ℃，调节空气相对湿度至 80%～90%，并根据天气情况适当通风，不可大量通风，以免造成菇蕾被风催死。

在生产中应当注意控温、控湿和光照适宜的原则，以利香菇生长。在整个出菇期中可出 4～5 潮菇。每潮菇都要经过催蕾、育菇、采收和养菌 4 个阶段。从催蕾到采收大约需要 15 天的时间，秋冬季采收可持续 5～7 天，养菌大约要经过 10 天的时间。香菇属于变温结实性的菌类，催蕾是需要保持一定温差。这个时期一般借助于白天和夜间 8～10 ℃的自然温差，空气相对湿度维持 90%左右。条件适宜时，3～4 天菌棒表面褐色的菌膜就会出现白色的裂纹，不久就会长出菇蕾。育菇时日光温室的温度最好控制在 10～25 ℃，空气相对湿度 85%～90%。随着子实体不断长大，呼吸加强，二氧化碳积累加快，要加强通风，保持空气清新，还要有一定的散射光。进入 12 月气温走低，白天要增加光照升温，如果光线强会影响出菇，可在温室内半空中挂遮阳网，晚上加保温帘。空间相对湿度低时，可向走道和空间喷雾，增加空气相对湿度。进入深冬管理的重点是保温增温，白天增加光照，夜间加盖草帘或棉被，有条件的可加温。一般在温度较高的中午通风，尽量保持温室内的气温在 7 ℃以上。

北方的冬季气温低，子实体生长慢，产量低，但菇肉厚，品质好。当子实体长到菌膜已破、菌盖还没有完全伸展、边缘内卷、菌褶全部伸长、并由白色转为褐色时，子实体已八成熟，即可采收。采收时应一手扶住菌棒，一手捏住菌柄基部转动着拔下。整个一潮菇全部采收完后，要大通风一次，晴天气候干燥时，可通风 2 小时；阴天或湿度大时可通风 4 小时，使菌棒表面干燥，然后停止喷水 5～7 天。让菌丝充分复壮生长，待采菇留下的凹点菌丝发白，就给菌棒补水。补水方法采用注水针注水。补水后，将菌棒重新排放在畦里，重复前面的催蕾出菇的管理方法，准备出第二潮菇。第二潮菇采收后，还是停水、补水，重复前面的管理，一般可出 4 潮菇。

进入春季后，气候干燥、多风。这时的菌棒经过秋冬的出菇，由于菌棒失水多，水分不足，菌丝生长也没有秋季旺盛，管理的重点是给菌棒补水，此时补水应适当多些，补水量以使菌棒恢复到第一潮出菇前的重量为宜。经常向墙面和空间喷水，空气相对湿度保持在 85%～90%。早春要注意保温增温，通风要适当，可在喷水后进行通风，要控制通风时间，不要造成温度、湿度下降。

29. 如何进行香菇的采收及转潮管理？

当幼菇菌盖直径长至 5～8 厘米、菌膜刚开时，要注意及时采收。出菇盛期可每天早晚各采一次。采收时随时把菇柄残留物清除。每采收一潮菇后要进行养菌，使采过菇的菌穴里菌丝变白或稍有转色，积累养分，以利于下一潮菇生长。提高棚温到20～25 ℃，相对湿度 75%～85%，养菌 3～5 天后上大水，振棒出菇，但上水量不宜过多，振棒不宜过猛，以免出现暴出现象。北京地区 8 月中旬以后昼夜温差变大，可不再进行振棒刺激，而利用自然温差刺激即可。

30. 香菇常见病虫害及防治方法有哪些？

食用菌生产需要清洁的生产环境，其发菌设施、接种设施定期消毒，可采用紫外线或蒸汽消毒方式，出菇设施采用菌棒入地前，在表面撒 70～80 千克生石灰进行处理。在正常生产流程下，因香菇特有的转色，其菌棒外表皮会形成相应的保护膜，相对其他菇种病虫害较少，生产常出现的有烂棒、霉菌污染、子实体病害、虫害等。

（1）烂棒的综合防治。引起烂棒的原因主要有：①培养料配比不合理，拌料不均匀；②培养室长时间通风不良，二氧化碳浓度过高，氧气含量不足，常致使菌丝以酵解方式分解养分，用以维持生命活动，既消耗大量养分，又产生大量有害物质，影响菌丝生长发育；③培养室温度长期过高，超出了香菇适宜生长温度范围，刺孔后又没有及时疏散，使堆温大幅度升高，致使菌丝生长脆弱甚至死亡，引起所谓“烧菌”现象；④菌棒上淤积黄水过多，一方面影响通气，另一方面极易造成杂菌感染；⑤菌棒受日光直射，强烈的日光中的紫外线会把菌棒内菌丝灼伤，达到一定程度，菌丝会被杀死，菌棒局部出现黄水，随后滋生霉菌而腐烂；⑥生长环境阴湿，空气相对湿度过高；⑦在给菌棒补水时，水温过高、补水过量同样会导致菌棒腐烂。补水后菌棒表层水分尚未沥去就急于覆盖薄膜也易导致菌棒腐烂。生产中应注意以上7点，即以做到综合防治。

（2）霉菌的综合防治。为害香菇生产的霉菌有木霉、青霉、链孢霉、曲霉等，其发生后会与香菇菌丝争夺营养，在防治方面主要掌握培养健壮香菇菌棒的原则，即优质菌种、适宜环境参数。

（3）出菇期子实体病害的综合防治。出菇期子实体出现病害一般为细菌性病害，一旦发生，应尽快清除被污染的子实体或出菇菌棒，并调节环境，增加通风降低湿度，并用1%漂白粉按100倍配置漂白粉溶液。

（4）虫害的综合防治。危害香菇的虫害有螨虫、菇蚊、跳虫等，生产推广应用绿色防控方式，即“两网、一板、一灯、一缓冲”技术，同时保持生产区域清洁及生产周边环境清洁。

31. 设施香菇栽培的经济效益如何？

香菇栽培的经济效益受市场价格波动影响，其价格受栽培面积、生产工艺、原料成本等因素的影响波动明显，在个别生产月份，甚至出现滞销现象，因此年度之间收益亦有差异，但从2018年开始，香菇市场价格相对处于高位运行，农户栽培收益相对稳定，在不计农户劳动力成本的前提下，单棒收益在3～7元不等。

第四章 设施平菇栽培与病虫害防治

32. 如何确定设施平菇的栽培季节、栽培设施与茬口安排？

平菇对温度适应范围较宽，一年四季均可栽培。为生产出优质平菇，应做到整个生长季节不用药。本地较适宜的栽培季节为秋冬季，春季栽培要利用物理防控措施栽培。同一基地一年最多栽培两茬，每茬间隔 2 个月以上，不可连作。生产中要根据不同季节的气候特征、不同品种的出菇温度及不同的栽培条件合理安排时间。

为了防控病虫，秋季平菇播种宜安排在 8 月中旬以后，不能盲目“抢早”。设施利用日光温室或半地下温室。中温型品种：8 月中旬至 10 月上旬播种，9 月中旬开始出菇；中偏低温型品种：8 月下旬至 9 月上旬播种，9 月下旬至 10 月上旬开始出菇；低温型品种：9 月上中旬播种，10 月上旬开始出菇。冬季栽培平菇要“抢早”，利用自然气温较高时发菌，争取冬季早出菇，延长出菇期，提高总产量。

冬季播种适期在 11 月上中旬，特别是低温品种，尽量在 11 月 20 日之前播种结束，元旦前后出菇上市。在 11 月下旬至 12 月上旬播种的，应选用中温品种，增温发菌，在 1 月上中旬开始出菇，供应春节市场，中温型品种出菇期能延长到翌年 4～5 月。

平菇春季播种也宜早不宜迟，播种适期掌握在 3 月中旬至 4

月下旬。春季播种的可在春秋大棚、林地大棚或小拱棚栽培，也可在日光温室中栽培。早春气温低，菌袋可集中在棚内保温发菌，清明节前菌丝发满开始出菇，6 月中下旬高温到来之前结束栽培。

33. 如何选择平菇的栽培品种？

平菇的种类、品种繁多，其中包括许多同物异名的品种。在生产中要选择可靠正规的引种机构进行引种，根据当地的气候条件，了解所需菌种的种性，如生长最适温度、适宜栽培原料、市场对该品种的需求情况等。如北京地区的消费者喜欢颜色深的平菇，而天津市场更青睐小白平。不同品种从菌丝外观上看无明显差异，但要选择菌丝长势强壮、吃料迅速的品种。在茬口安排上要根据品种的温型进行选择，如：秋冬季节可以选用双抗黑平、灰美 2 号、抗病 3 号、小白平等；春季和早秋可选用西德 89、早秋 615、4142 等。

34. 平菇的栽培原料与生产配方有哪些？

参考配方：棉籽壳 35%，玉米芯 50%，麸皮 10%，玉米粉 2%，石灰 2%，尿素 0.3%，食盐 0.7%。配制培养料时，将棉籽壳和玉米芯摊开，提前预湿，麸皮、玉米粉、石灰充分搅拌，均匀撒在预湿好的料堆上，进行搅拌；尿素和食盐用适量的水溶化后撒在拌好的料堆上，再次把所有原料搅拌均匀。培养料含水量要适当提高（可以达到 65%～70%），因为培养料通过几天的发酵，还要蒸发、消耗一部分水分。

35. 如何进行平菇培养料的发酵？

选择新鲜、优质的玉米芯，粉碎成 5～15 毫米的颗粒，提前用水浸泡 1～2 天，选择适当大小的地块，将土铲平压实，将棉籽皮铺好一层 10 厘米左右，再铺玉米芯 10 厘米左右，交叉反复铺至堆高 70～80 厘米，最低不少于 50 厘米，最高不超过 100 厘米；铺主料时分层加入麸皮、石灰、石膏、粗盐，边铺边加水，进行发酵，在堆上，每隔 40 厘米加一个直径 8 厘米的通气孔，增加氧气促进发酵，若天气凉爽，前 1～3 天可加盖塑料薄膜，提温促进发酵，堆内温度达 50～60 ℃时，撤掉薄膜自然发酵，4～5 天后堆内温度达到 70～80 ℃时翻堆一次，此时堆内长满洁白浓密的放线菌，过 2～3 天再翻堆一次，翻 2～3 次堆，7～10 天之后可以装袋。以后可边发酵边装袋。

36. 如何进行平菇菌棒的灭菌？

平菇菌棒的生产工艺大体可分生料栽培、发酵料栽培和熟料栽培 3 种，不同工艺的区别主要在于原材料的发酵与否及灭菌方式。前两者的原料一个经过发酵，一个不经过发酵，拌料后都不需要灭菌，直接装袋接种。熟料栽培通常采用常压灭菌，要使灭菌锅内温度稳定在 100 ℃保持 12～14 小时才能完全杀灭杂菌。近几年平菇生产工艺又有所改进，北京及周边地区普遍采用发酵料加短时高温处理的方式，这一技术兼具发酵料与熟料栽培的优势，大大缩短了灭菌时间，菌棒成品率高。具体操作是对装好袋的发酵料进行常压短时高温处理，80～90 ℃维持 3～4 小时，此过程主要将培养料中的虫卵全部杀灭，再接平菇菌种，使平菇菌丝在基本无菌状态下生长。

37. 如何进行平菇的开放式接种？

发酵料或发酵料加短时高温处理的培养料在发酵过程中产生了大量放线菌，而放线菌不影响食用菌菌丝的生长，但对其他杂菌的生长具有抑制作用，因此进行开放式接种通常也不会造成污染。接种前，棚内事先进行灭虫和消毒处理，尤其是 8 月接种、9 月出菇的菇棚要利用防虫网、杀虫灯、粘虫板等严格做好防虫措施，地面撒一层石灰防治杂菌，可再铺一层废旧的遮阳网保持地面的整洁。接种时打开塑料菌袋，菌种掰成板栗大小，布满料面，用套环和一层报纸进行封口，与系口相比发菌速度加快，且不用进行刺孔增氧。接好的菌棒摆放方法视棚温而定，温度在 25 ℃以上时，菌袋单层摆放或两层“井”字形摆放；15～20 ℃时，4 层摆放，保温发菌，3～4 排留 40～50 厘米走道，既增加空气流通，又便于发菌期管理。

38. 如何进行平菇菌棒的发菌管理?

发菌时菌棒中插入温度计，随时观察温度，将棒内温度控制在 30 ℃以下，否则会出现高温烧菌。湿度控制在 60%～70%，若湿度过大，易发生杂菌；若湿度过小，易降低培养料水分。要结合调整温湿度，保证良好的通风条件，一般经过 25～30 天菌丝即可长满培养料；发菌环境光线越暗菌丝生长越旺；菌丝生长期间忌直射光。发菌期间要及时检查封口有无破损，防止破损处害虫钻入。及时挑选、清理污染菌袋，将已污染、报废的菌袋远离栽培场地，并进行深埋。通常低温季节，对有少量污染菌袋要降温发菌，通过低温处理可有效挽回污染袋，进入正常出菇。

39. 如何进行平菇的出菇管理?

菌丝发满后，一般采用码垛式出菇。9 月出菇的码 4 层，每两层之间用竹片隔开；10 月以后出菇的可码 6 层，不用竹片隔离。出菇期环境控制注意以下几点。

(1) 温度。要求菇棚封闭性好，保温性能好。冬季棚内温度晚上 0 ℃以上，白天 10 ℃以上。中午通过阳光的照射来提高棚温，晚上通过在棚顶加盖覆盖物来保持棚温，覆盖物可选用草帘，有条件的可用保温被，条件好的还可增加增温设施等。

（2）湿度。冬季出菇棚内由于棚温较低，通风量较小，管理主要以保温为主，棚内的水分蒸发较慢，因此要控制菇棚内的喷水量。天气晴朗温度较高，通风量较大时，可 1～2 天喷 1 次水，阴雪天时可 2～4 天喷 1 次，喷水的时间可选择在中午进行，保持棚内湿度在 85%～90%。切记不能在不通风的条件下喷“闭棚水”，以免造成菇体腐烂而死。此外，一定要在菇体表面的水分完全蒸发后才能关闭通风口。

（3）通风。冬季出菇时，为了保持棚内温度，通风往往不够，特别是半地下式的菇棚，由于通风不足，会形成菇蕾不分化或菌柄过长、菌盖小的畸形菇。当通风严重不足时，会造成幼菇 CO_2 中毒死亡。因此，冬季出菇棚宜采取短时间、勤通风的方式进行。中午前后温度上升较快，进行通风并结合喷水；室外温度下降前（下午 3 时左右），关闭通风口。

（4）光照。光照是增加出菇棚温度的重要方式，同时对菇体的形态和颜色起着重要的作用，光照强度直接影响平菇的产量和质量，光照能使菇体颜色加深，有光泽，菇形端正，肉厚，柄短。冬季出菇时，可在每天上午 10 时至下午 3 时揭开棚顶的草帘，增加光照，提高棚温。若光照过强，要间隔地揭开草帘，以免过强的光照对菇体产生不利影响。

40. 如何进行平菇的采收及转潮管理？

平菇达到采收标准后及时采收，用手抓住根部整朵采下。采收标准：菌盖边缘由内卷转向平展，但边缘紧收，颜色由深逐渐变浅，下凹部分开始出现白色毛状物。此时菇单丛重量达到最大值。若采收过早，则影响产量；若采收过迟，则菇盖边缘变薄，菌肉随之变疏松，菇柄老化粗硬，质量下降，食味变劣，重量减轻，且影响下批菇生长。一般套环出菇的菇柄比划口出菇的略长，属正常现象。

采收1潮菇后，只可清除残余菇脚，尽量不要搔耙掉菌皮。若搔菌过度，则会延迟转潮出菇。停水养菌3～4天，待菌丝发白，再喷重水增湿、降温、增光、促蕾，再按前述方法出菇管理。一般若管理得当，可采收5～6潮菇。

41. 平菇常见病虫害及防治方法有哪些？

(1) 感染性病害。

① 褐腐病。致病菌只感染子实体，不感染菌丝体。子实体受到感染时，表面出现一层白色棉毛状病原菌菌丝，菌柄肿大呈水泡状、畸形，进而褐腐死亡，故又称湿泡病。如果子实体未分化时被感染，则分化受阻，形成不规则的组织块，表面有白毛绒状菌丝，组织块逐渐变褐，并从内部渗出褐色的汁液而腐烂，散发恶臭气味。

防治措施：A. 出菇室应安装纱门、纱窗，出菇室、床架及用具应严格消毒，彻底杀灭病菌及害虫。B. 覆土要消毒，可用0.1%多菌灵喷洒、熏蒸或进行巴氏消毒（60～70 ℃）1小时。C. 培养料要经后发酵处理或进行巴氏消毒，或喷洒500倍的多菌灵或硫菌灵药液。D. 栽培季节要选好，第1潮菇出菇期避开25 ℃以上的高温。E. 若栽培过程中发病，应停止喷水，加强通风，降温降湿，并在病区喷500倍多菌灵药液2～3次；若发病严重，应及时销毁病菇，并清理料面或覆土，喷洒药液后，更换新的覆土材料再喷药。

② 褐斑病。又称干泡病、黑斑病、轮枝霉病。褐斑病蔓延很快，对子实体具有很强的感染力，菇蕾受害后，形成质地较干的灰白色组织块，不能分化形成菌柄和菌盖。子实体感病后，病

菌菌丝能侵入子实体髓部，使菌柄异常膨大且变褐，而菌盖发育迟缓，子实体呈畸形而僵化；菌盖上还产生许多不规则的针头大小的褐色斑点，以后斑点逐渐扩大并凹陷，凹陷部分呈灰色，充满轮枝霉的分生孢子，但菇体不腐烂、无臭味，最后干裂枯死。

防治措施参照褐腐病的防治。

③ 软腐病。又称蛛网病、湿腐病、树状轮指霉病。发病时，培养料上先出现一层灰白色棉毛状病原菌菌丝，若不及时处理，菌丝便迅速蔓延覆盖住食用菌菌丝，并变成水红色，食用菌菌丝因缺氧和受病原菌侵染而失去活力，此后很难出菇。病原菌菌丝接触子实体后，棉毛状菌丝会逐渐覆盖整个子实体，并首先从菌柄基部侵入，向上延伸至菌盖，被害处逐渐变成淡褐色水渍状软腐，手触即倒，但不产生畸形。此病在菇房通常只是小范围发生，很少大面积流行。

防治措施：培养料发酵后，将其 pH 调至 7 左右，耐碱品种可调至 9 左右；局部发病时，应清除病菌的菌膜及死菇，对患病部位撒石灰粉，并更换覆土材料；其余可参照褐腐病的防治。

④ 黄斑病。黄斑病是平菇栽培中的常见的一种细菌性病害，初期只在菇体表面出现黄褐色斑点或斑块，随后病区扩大，并深入菌肉组织。此后，子实体变为褐色、黑褐色，进而死亡、腐烂。其致病菌存在于土壤和水中，可以通过昆虫和喷水传播。出菇期菇房空气相对湿度超过 95%，直接向菌袋上喷水，尤其是菌盖表面有水膜存在时极有利于此类病害发生。

防治措施：A. 使用洁净水。管理用水最好经漂白粉消毒，严禁使用沟水和脏水喷洒菇体。B. 控制湿度。出菇期保持菇房良好通气条件，空气相对湿度不超过 95%，菌盖表面不要积水，保持较干燥状态。C. 药剂防治。发现病菇要及时清除，喷施漂白粉 600 倍液或硫酸链霉素溶液。

⑤ 病毒病。平菇感染病毒病后，菌丝生长速度减慢；菌柄肿胀近球形，弯曲，表面凹凸不平；菌盖边缘波浪形或具深缺

刻，有的菌盖很小或无盖，只在子实体顶端保留菌盖的痕迹，后期产生裂纹，露出白色的菌肉；菌盖与菌柄表面出现明显的水渍状条斑。

防治措施：A. 选用耐（抗）病毒的优良品种；对菌种进行脱毒处理。B. 保持出菇室卫生，安装纱门、纱窗，防止害虫传播病毒；栽培结束后及时清除废料，并彻底消毒；出菇室、床架、器具等用前可用高锰酸钾和甲醛熏蒸或进行巴氏消毒 1 小时。C. 培养料进行后发酵处理或巴氏消毒。D. 发现病毒的菇棚，必须在子实体散发孢子前及时采收，防止病毒通过孢子传播。

（2）生理性病害。

① 菌丝徒长。平菇常出现菌丝徒长现象，表现为菌丝持续生长，密集成团，结成菌块或白色菌皮，难以形成子实体。主要原因：一是栽培管理不当，如出菇室高温、通风不良、二氧化碳浓度过高等均不利于子实体分化，引起菌丝徒长；二是培养料含氮量偏高，菌丝营养生长过度，不能扭结出菇。

防治措施：培养料不应过熟、过湿；栽培过程中要加强菇棚通风，降低二氧化碳浓度，适当降温降湿，以抑制菌丝生长，促进子实体形成；选择适宜配方，及时用器具划破或挑去菌皮，喷重水并加大通风以抑制菌丝生长，促进原基形成。

② 菌丝萎缩。平菇栽培过程中，有时会出现菌丝、菇蕾、甚至子实体停止生长，逐渐萎缩、变干，最后死亡的现象。主要原因：一是培养料配制或堆积发酵不当，造成营养缺乏或营养不合理；二是培养料湿度过大，引起缺氧，或培养料湿度过小；三是高温烧菌引起菌丝萎缩；四是发生虫害，当虫口密度大时，会造成严重危害，使菌丝萎缩死亡。

防治措施：选用长势旺盛的菌种；严格配制和发酵培养料，对覆土进行消毒；合理调节培养料含水量和空气相对湿度，加强通风换气；发菌过程中，要严防堆内高温。

③ 子实体畸形。平菇栽培过程中，常常出现子实体形状不规则，如柄长盖小、子实体歪斜或原基分化不好，形成菜花状、珊瑚状或鹿角状的畸形子实体。主要原因：一是出菇室通风不良，二氧化碳浓度过高，光线不足，温度偏高；二是覆土栽培时覆土颗粒太大，出菇部位低、机械损伤；三是农药中毒。

防治措施：针对上述原因，创造子实体形成和生长最适宜的环境条件。

④ 死菇。死菇是指在无病虫害的情况下，子实体变黄、萎缩、停止生长，最后死亡的现象。主要原因：一是出菇过密，营养或水分不足；二是出菇室持续高温高湿，通风不良，氧气不足；三是覆土层缺水，幼菇无法生长；四是采菇或其他管理时操作不慎，造成机械损伤；五是农药使用不当，产生药害。

防治措施：根据上述原因，采取相应措施，如改善环境条件、正确使用农药等。

（3）平菇主要虫害。

① 菇蚊。菇蚊是平菇栽培的重要害虫，整年发生，危害严重。特别是开春以后，随着气温升高，虫口密度增大，使平菇子实体原基及幼菇被菇蚊幼虫危害而造成大量减产，甚至栽培失败。菇蚊中普遍发生、危害较重的是眼菌蚊和嗜菇瘿蚊。多发生于通风不良、温度偏高、料面有积水的地方。

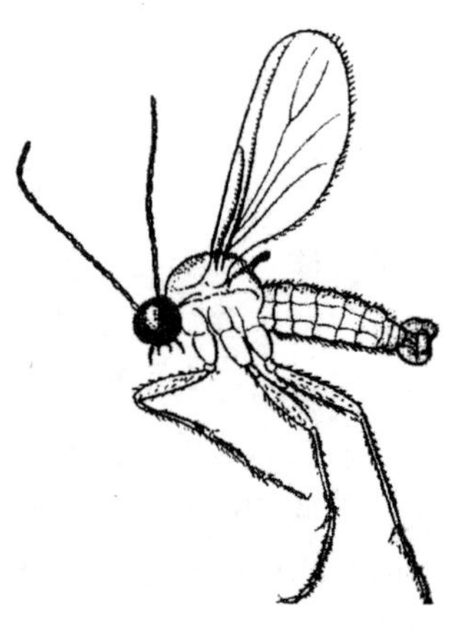

图 4-1　眼菌蚊

A. 眼菌蚊。菇蚊成虫有趋光性，活动性强，菇蚊成虫活跃，寿命一般为 3～5 天，在 13～20 ℃正常繁殖，完成 1 代需要 21～22 天，一年可发生多代，1 只成虫产卵 250 粒左右（图 4-1）。3～5 天孵化成幼虫。菇蚊喜欢在料面及子实体上爬行，常栖息在菇房的墙壁、门、柱子，特别喜集聚于窗子上，成虫虽不直接咬食子实体，但它繁殖后代；传播平菇病害的病原菌，如平菇细菌性斑点病、细菌性软腐病等。此外，它还携带螨虫，危害平菇。

幼虫蛀食培养料、菌丝和子实体，破坏菌丝原基分化。幼虫蛀食菇蕾及幼小子实体的基部，并顺其菌柄向上蛀食，形成许多孔状隧道。平菇被害菇蕾和幼小子实体逐渐萎黄，不再长大，根部呈海绵状或蜂窝状。由于幼虫的大量繁殖危害，取食菇柄基部附着的菌丝，切断了子实体的营养来源，从而造成幼菇成批死亡。因此，抓好菇蚊的综合防治，是平菇安全生产的重要一环。

防治措施：a. 搞好菇棚内外环境卫生。清理菇棚周边的废菌棒及老旧菌棒，减少菇蚊滋生场所，减少虫源；在通风口、通风孔处安装防虫网隔离，防止成虫飞入；出菇棚使用前要彻底消毒，每 100 米^2 用敌敌畏 1.5 千克，或用硫黄（5 克/米^3）多点熏蒸，密闭 2 天后使用。b. 培养料处理。对培养料进行堆积发酵，装袋后高温灭菌、灭虫卵，效果最佳。c. 诱杀。利用眼菌蚊成虫的趋光性和趋味性，在菇棚安装黑光灯或白炽灯，灯下放一盆废菇液，盆内加几滴敌敌畏或松节油，诱集成虫并杀死；在出菇早期，在棚内悬挂黄板，将成虫粘在黄板上杀死，可有效抑制成虫繁殖速度。d. 药剂防治。成虫发生较重时，在出菇间歇期间，用药剂防治，可喷 0.1%的鱼藤精或 150～200 倍的除虫菊或溴氰菊酯等低毒农药，主要喷洒在棚顶、床架、地面上为主；有蘑菇时千万不能用药。

B. 嗜菇瘿蚊。成虫极微小，体长 1.1 毫米，头胸为黑色，腹部及足为橘红色，头小，复眼大（图 4－2）。幼虫可由卵孵化，也可由母虫胎生，一条母虫可产 20 余条幼虫，在 25 ℃恒温条件下 3～4 天可繁殖一代，条件适宜时这种胎生繁殖可连续进行，短期内虫口数量猛增，造成严重危害。成虫有趋光性，活动性强，寿命一般为 1～2 天。

幼虫蛀食培养料、菌丝和子实体，使菌丝衰退，菇蕾枯死，破坏菌丝原基分化；也常大量聚集在菌盖与菌柄交界处及菌褶中取食，留下许多伤痕及条纹斑，并排出粪便，污染子实体，严重影响蘑菇品质。

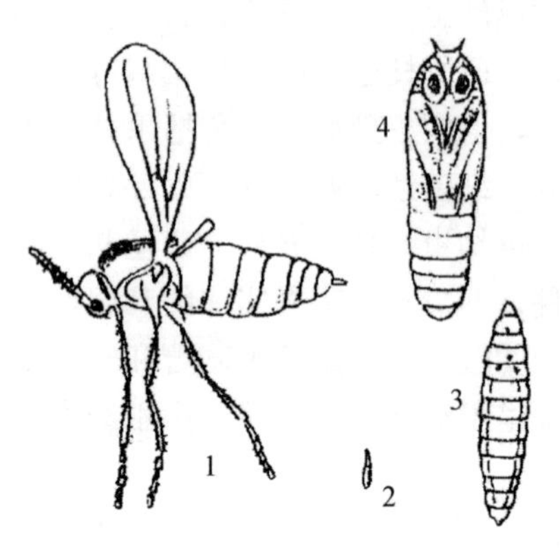

图 4－2 嗜菇瘿蚊

1. 雌成虫 2. 卵 3. 幼虫 4. 蛹

防治措施：a. 搞好菇棚内外环境卫生，清理菇棚周边的废菌棒及老旧菌棒，减少菇蚊滋生场所，减少虫源；在通风口、通风孔处安装防虫网隔离，防止成虫飞入；出菇棚使用前要彻底消毒，每 100 米^2 用敌敌畏 1.5 千克，或用硫黄（5 克/米^3）多点熏蒸，密闭 2 天后使用。b. 培养料处理，对培养料进行堆积发酵，装袋后高温灭菌、灭虫卵，效果最佳。c. 诱杀，利用眼菌蚊成虫的趋光性和趋味性，在菇棚安装黑光灯或白炽灯灯下放一盆废菇液，盆内加几滴敌敌畏或松节油，诱集成虫并杀死；在出菇早期，在棚内悬挂黄板，将成虫粘在黄板上杀死，可有效抑制成虫繁殖速度。d. 药剂防治，成虫发生较重时，在出菇间歇期间，用药剂防治，可喷 0.1%的鱼藤精或 150～200 倍的除虫菊或溴氰菊酯等低毒农药，主要喷洒在棚顶、床架、地面上为主；有蘑菇时千万不能用药。幼虫繁殖能力极强，发现幼虫要及早治疗，要“治早，治彻底”，一旦发现，及时扑灭。也可停止喷水并通风，使料面干燥，幼虫即停止繁殖和缺水死亡。

② 菇蝇。菇蝇主要是指蚤蝇，又名粪蝇、菇蛆，除危害平菇外，还危害双孢蘑菇、银耳、木耳等（图 4－3）。

成虫小，黑色或黑褐色，弓背形，触角短，头小，复眼大，腿很发达。成虫白天活动，行动迅速，不易捕捉。24 ℃时，完成生活史需 14 天，13～16 ℃下，需 40～45 天。

幼虫为白色半透明小蛆，头尖，黑色，尾钝，在培养料深处化蛹；蛹初为白色，后变棕褐色；幼虫的危害同眼菌蚊。成虫不直接危害，但会携带大量的病原孢子和线虫、螨类，是病害的传播媒介。

防治措施：参照眼菌蚊的防治。

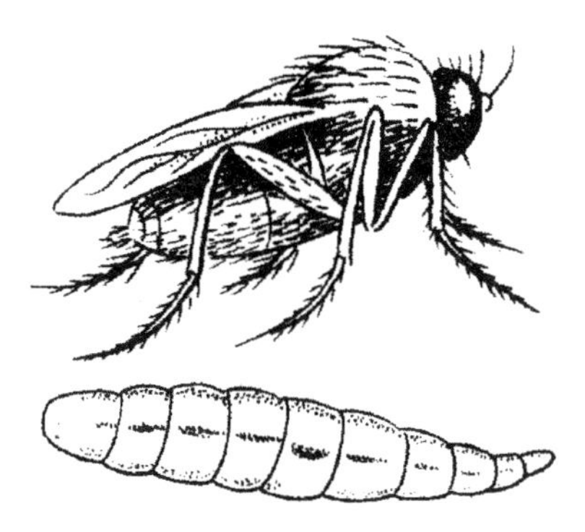

图 4-3 蚤绳的成虫和幼虫

③ 螨虫。螨类属于节肢动物门、蛛形纲、蜱螨目，是食用菌害虫的主要类群，统称菌螨，又称为菌虱、菌蜘蛛（图 4-4）。螨类繁殖力极强，一旦侵入，危害极大。菌种制作以及平菇、双孢蘑菇、草菇、香菇等栽培过程中都可能会发生菌螨危害。

螨类可以直接取食菌丝，造成接种后不发菌，或发菌后出现“退菌”现象；在子实体生长阶段，菌螨可造成菇蕾死亡、子实体萎缩或成为畸形菇、破残菇，严重时，子实体上上下下全被菌螨覆盖，污损子实体，影响产品品质和加工质量。它们还危害仓储的干制菇、耳。菌螨还会携带病菌，传播病害。

螨类个体很小，成螨体长仅 0.3～0.8 毫米，分散时难发现，需在放大镜或显微镜下观察。螨类喜温暖湿润环境，在 18～30 ℃、湿度大的栽培场所最容易引起螨类危害。螨类主要通过培养料、菌种或蚊蝇类害虫的传播进入菇房。

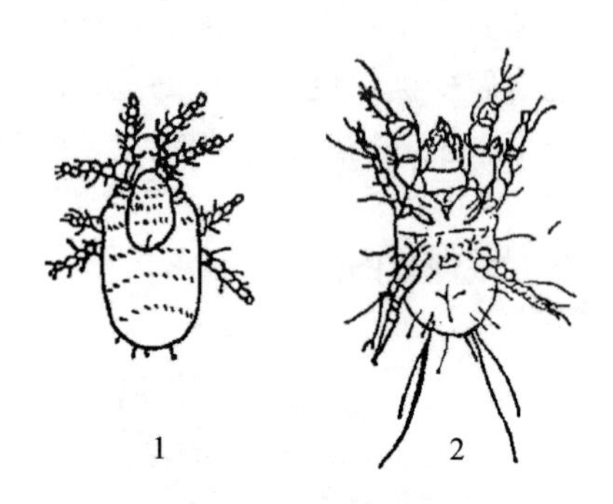

图 4-4　蒲螨和粉满

1. 蒲螨背面　2. 粉满腹面

危害食用菌的螨类很多，其中以蒲螨类和粉螨类的危害最为普遍和严重。

A. 蒲螨的形态特征与危害特点。蒲螨体形微小，扁平、长圆至椭圆形，淡黄色或深褐色，刚毛较短。蒲螨行动较慢，喜群体生活，多在料面或子实体上集中成团，类似“土粉”散落状。

蒲螨是整个食用菌螨类中最为重要的类群，严重影响产量和品质，一旦侵入，几天内能毁灭瓶、袋或菌床上的全部菌丝，造成绝收。

B. 粉螨的形态特征与危害特点。粉螨体型较大，肉眼可见，体柔软，乳白色，卵圆形，体表覆盖长刚毛，爬行较快，不成团，常群集在菌床表面，数量多时呈粉状，故称粉螨。

菌种制作时，粉螨可以通过棉塞侵入到菌种中，使菌种成品率下降。粉螨侵害菇床或栽培袋时，取食菌丝体和子实体，均造成严重减产和品质下降；粉螨是重要的仓库害螨，食用菌干品受害后，易霉变而不能食用。粉螨还能使人全身奇痒，产生过敏反应。

螨类防治措施：a. 培养室及出菇室周围的环境要卫生，要远离培养料仓库、饲料间及禽畜棚舍等，防止菌螨通过外部环境侵入。b. 培养料发酵时，堆温要升高到 58～60 ℃至少维持 5～6 小时；当料温升高、菌螨受热爬到料面时，用 50%敌敌畏 800～1 000 倍液或 73%克螨特 1 500 倍液喷杀。c. 出菇棚应经常保持洁净，使用前每 100 米^3 空间用 1 千克敌敌畏和 1 千克福尔马林进行密闭熏蒸，杀虫灭菌，杜绝虫源。

42. 设施平菇栽培的经济效益如何？

投入：按每亩投入平菇菌棒 20 000 棒（每棒装干料 1.5 千克）计算，每年每亩*投入的成本包括：菌棒成本约 80 000 元，防虫网、遮阳网（按 5 年折旧）成本约 650 元，棚膜（按 2 年折旧）成本约 600 元，卷帘机、微喷（按 8 年折旧）成本约 1 200 元，棉被（按 5 年折旧）成本约 4 500 元，杀虫灯、黄板等成本约 300 元，水电成本约 2 000 元，出菇管理、采收人工成本约 25 000元，合计约 114 250 元。产出：按每棒平均产出鲜菇 1.8 千克计算，亩产鲜平菇 36 000 千克，每千克平均价格 5.00 元，则亩产值 180 000 元，亩效益 65 750 元。

为了增加单位面积产量和生产效益，平菇生产可以采用层架式高密度栽培，层架最好使用可拆卸的镀锌管立体层架，组装方便，结实耐用。虽然一次性投入成本较高，但可使用的年限长，单位面积投料量高。一栋 68 米×8 米的菇棚，秋冬季生产，不使用层架可码放 1.6 万～1.7 万棒，使用层架可码放 3.3 万～3.5 万棒，使单位面积栽培量增加 1 倍有余。此外，层架式栽培通风效果好，菇形好，采菇方便，棚内整齐干净，而且到出菇后期没有菌墙倾倒的问题。

---

* 亩为非法定计量单位，1 亩=1/15 公顷。——编者注

第五章 设施栗蘑栽培与病虫害防治

43. 栗蘑栽培的方式及设施有哪些？

（1）栗蘑段木栽培。栗蘑段木栽培是将适宜的树木砍伐、截断、集中，然后接入纯培养的菌种，进行培养、出菇管理的技术模式。其生产流程如下：伐木、截断、接种、菌丝培养、场地处理、摆场、出菇管理、采收、分级、包装、贮藏。

适合林地及各种设施内栽培。

（2）栗蘑袋料栽培。栗蘑袋料栽培是指在栗蘑的人工栽培中，以原料来源较广的木屑、棉籽壳、麸皮等原料代替段木来培植栗蘑的一种技术。袋料栽培技术具有原料来源广泛、生产周期短、产量高、收益大等优点，成为目前栗蘑栽培的主要方式。主要栽培方式还是以脱袋覆土出菇。其生产流程：拌料、装袋、灭菌、接种、发菌、脱袋、覆土、出菇管理、采收、分级、包装、贮藏。

适合各种设施栽培。主要栽培模式：林下仿野生栽培、设施覆土栽培、设施免覆土栽培、层架式立体栽培等。

44. 如何确定栗蘑仿野生栽培的栽培季节与茬口安排？

栗蘑属中高温食用菌，各地应根据栗蘑的生长特性及当地的气候条件合理安排生产进度。仿野生栽培栗蘑的适宜出菇期在5月上旬至10月上旬。栗蘑脱袋覆土的时间掌握在4月，此期气温明显回升，5厘米地温可达10℃左右。菌棒入地后，菌丝萌发生长，菌棒间的菌丝逐渐连接为一体，这样不仅有利于出大朵菇，而且可以提高抵抗杂菌的能力。头潮菇朵形大、产量高、质量好，一般可占总产量的40%。

过早入地栽培，因地温低，菌丝长时间不萌发，恢复慢，并且不能早出菇。若此阶段过早上大水或返冻，菌棒表面由于刺激，会形成一层黄色菌皮，即使之后气温回升，菌丝再萌发也困难，菌棒间菌丝连接不好，迟迟不能出菇，或形成畸形的小老菇，从而造成减产或栽培失败。

若脱袋入地的时间过晚，如5月中旬以后，虽然出菇较快，菇蕾形成多，但由于菌棒间菌丝未充分连接就开始形成原基，营养不能集中，难以形成大朵菇，产量也会较低，头潮菇的转化率一般不足10%。若入地后推至7、8月，不但气温高、杂菌及害虫滋生严重，而且第三潮菇时即天气转凉而停止生长，一般需要第二年继续进行出菇管理，使生产周期延长，用工投入增加，也会最终影响效益。

因此，一般从清明到夏至也就是4月初至6月底都可以进行入地覆土，但以早春栽培为最佳。

45. 如何选择栗蘑的栽培品种?

菌种所采用的菌株和菌种质量对栗蘑的产量和质量有决定性的作用。劣质菌种可造成减产，甚至绝产，带来巨大的经济损失。因此一定要选用经过生产验证、抗逆性强、生长快、产量高的优良菌种。无论是引进的或自己分离的菌种，在大规模扩繁前都应进行出菇试验。

由于遗传性状不同，不同来源的栗蘑菌株的菌丝生长及农艺性状会表现出较大差异。不同栗蘑株系不仅有菌丝和子实体形态差别，在原基形成所需天数和产量上也有差异，尤其是原基形成所需天数与产量有直接关系，原基形成越早产量越高。

对大面积生产栽培的菌株应进行筛选观察，选育出产量高、性状好、适应当地生态条件的优良菌株。

栗蘑菇体一般是褐灰色的，也是我国市场上较为认可的性状。色泽深浅取决于光照强度，光越强，色越深。除此之外，还有白色变种。此菌株由日本选育，适用于工厂化周年栽培，袋栽周期 70～80 天，采 2 潮菇，生物转化率一般在 60%左右。

46. 栗蘑的栽培原料与生产配方有哪些？

（1）栗蘑的栽培原料。由于栗蘑为木腐菌，所以，在选择栽培栗蘑的原料时，应以木屑为主，特别是“栗树”——壳斗科树种的木屑更好。其他阔叶树的木屑以及棉籽壳等原料，也可以作为栽培栗蘑的原料。

除了木屑等主要原料之外，在培养基中还需要加入一些辅料。如麸皮、米糠、玉米粉等以增加含氮量，以及糖、石膏等。有条件的地方也可以加入一些富含腐殖质的林地表土、草炭土(其加入量可以是总重量的 10%左右)，效果会更好。

由于栗蘑为好氧性的菇类，因而在选择木屑时，如果木屑过细，会使透气性变差，影响栗蘑菌丝的正常生长，可以在培养料中加入一部分颗粒较大的木屑、棉籽壳或玉米芯以增加培养料的通气性。

（2）栗蘑栽培培养料配方。栗蘑的栽培配方较多，各地菇农可以根据当地的情况选择配方，以降低生产成本，增加收益。

① 传统配方。阔叶树木屑（粗、细比例为 1∶3）75%，麦麸（或麦麸与玉米粉按 1∶2 的混合物）23%，糖 1%，石膏粉 1%，含水量调至 60%～63%。pH 调至 5.5～6.5。

② 木屑55%，棉籽壳25%，麦麸18%，石膏粉1%，糖1%，含水量调至60%～63%，pH调至5.5～6.5。

③ 木屑60%，旧培养料（要求无污染、晒干）20%，玉米粉10%，腐殖土10%，含水量调至60%～63%，pH调至5.5～6.5。

④ 木屑70%，麦麸20%，玉米粉8%，石膏粉1%，过磷酸钙1%，含水量调至60%～63%，pH调至5.5～6.5。

⑤ 棉籽壳60%，麦麸20%，黄豆粉8%，菜园土10%，石膏粉1%，糖1%，含水量调至60%～63%，pH调至5.5～6.5。

⑥ 稻草63%，菜园土20%，麦麸11%，玉米粉5%，石膏粉1%，含水量调至60%～63%，pH调至5.5～6.5。

⑦ 栗木屑70%，麸皮20%，生土8%，石膏1%，糖1%，含水量调至60%～63%，pH调至5.5～6.5。

⑧ 栗木屑50%，棉籽皮40%，生土8%，石膏1%，糖1%，含水量调至60%～63%，pH调至5.5～6.5。

⑨ 阔叶树木屑50%，栗蘑菌糠（干重）30%，麸皮玉米粉1∶2混合物18%，糖1%，石膏粉1%，含水量调至60%～63%，pH调至5.5～6.5。

47. 栗蘑菌棒制作工艺与注意事项有哪些？

根据当地栗蘑的适宜出菇期来确定菌袋生产期。华北地区一般在4月脱袋栽培，须在2月制备菌袋。如果生产量大、发菌室容量有限，也可从头年10月开始制作菌袋，秋季利用气温发菌，冬季利用加温设施发菌。由于栗蘑菌丝耐寒，菌袋可越冬贮存。有条件的农户也可以置于冷库中保存。菌袋的生产流程：配料→装袋→灭菌→接种→养菌。

拌料时，加入105%～110%水（按干料重量计算），使最终的培养料含水量达55%～57%。若培养料含水量过大，则菌丝发菌慢，同时子实体形成时渗出的棕色液体太多，易导致子实体腐烂。若培养料含水量低，则发菌困难，易污染，也会减产。

拌料：一是调整料的水分，上下拌匀。二是捡出硬物，如木棍、铁钉等，以免扎坏菌袋。三是装好的菌袋要轻拿轻放，袋口向上，不能乱堆挤压，以防菌袋变形或脱塞。

装袋：大型冲压装袋机适于生产量大的菌包厂和合作社采用。装袋时，一人向套筒上套塑料袋，菌袋培养料内自动打一孔，两人取下菌袋，插入塑料棒，然后用套环和棉塞封口，摆在铁丝筐或塑料筐内，等待灭菌。

灭菌：装料至灭菌时间要短，不要超过 4 小时，以防止培养料发酵变酸。若采用高压灭菌，一般需要保压 1.5 小时。

接种：接种前，接种帐内达到消毒时间后，放净残留的消毒烟雾后，工作人员不得在放烟帐口前来回走动，造成空气流动，使接种帐内外空气交流，而使灭菌无效。有条件的还可以在接种帐内加装无菌送风装置。接种一般以一灶或一锅为单位，一次性接完，中途工作人员不得随意出入接种帐，防止带入杂菌污染菌袋。

48. 如何进行栗蘑菌棒的发菌管理?

发菌也称为培养菌丝，发菌前期菌丝萌发气温保持在 24～26 ℃，控制室内湿度在 70%以下，避光培养，每天通风 1～2 次，15 天后让适量散射光照入，加强通风，温度降低至 22～25 ℃，30 天后菌丝逐渐长满袋底，表面形成菌皮，然后逐渐隆起，逐渐变成灰白色至深灰色，即为原基，可以进入出菇管理。

特别注意以下几点：

① 由于栽培袋生产量大，培养室内应经常通风换气，以保证空气新鲜。生产实践表明，栗蘑是一种强好氧的菇类，因此通风换气是栗蘑发菌过程中一个不可忽视的环节。发菌室如果单独

强调保温而透气不良，则菌丝生长速度缓慢，颜色发黄，生长线平齐，表现干枯，易感染杂菌。因此，必须强调通风换气。

② 要注意保湿。在温度较高、通风大的情况下，发菌室内容易过度干燥，引起培养料失水，影响菌丝的正常生长。因此，要随时注意培养室内空气相对湿度的调节，一般要求培养室内空气湿度达到50%～60%，每次调节湿度应喷洒药液如0.5%高锰酸钾水溶液或1%～3%来苏儿溶液，为环境消毒的同时调节湿度。若湿度过高，易引起杂菌污染，可用石灰粉撒于地面吸湿、消毒。

49. 如何进行栗蘑的覆土栽培？

(1) 场地选择。除盐、碱地不适合栽培栗蘑外，一般土壤均可作为栽培栗蘑的场地，但是在不同土壤环境条件下，栽培栗蘑的产量会有差异。栽培场地要求水源充足、交通方便、通风良好、远离畜禽养殖场、利于排水，土壤以壤土、黄沙土为好，土质要求持水性好并具团粒结构，壤土为最好，沙土次之。也可选腐殖质含量低、弱酸性土壤（pH为5.5～6.5）、非耕作的生地。对于仿野生栽培，选择板栗树或其他经济林地。

栗蘑菌袋入地

(2) 做畦。畦为东西走向长×宽×深＝(250～300）厘米×(45～60）厘米×(25～30）厘米，畦间距30～50厘米，行距80～150厘米。畦做好后先暴晒2～3天，然后在畦内撒上少许生石灰，量以土见白为准，目的是防治虫害。然后在栽培前一天给畦内浇一次水，水量视土壤墒情而定。

(3) 定植。脱袋在晴天无风的早晚进行，脱袋时将工具和手用75%的酒精擦拭消毒，即可栽培。注意如有发生霉变的菌袋，将霉变的部分割除干净就可以栽培。栽培时要将菌块紧密排放在其内码放平整（要求上面平，底下可以垫土）。

（4）做护帮。在畦的四周做宽15厘米、高10厘米的土埂。然后用塑料布（或膜）将护帮包住。塑料布一侧塞入菌棒外侧，另一侧在护帮外用土压好即可。目的是防菇粘土和防雨季畦内进水。

（5）覆土浇水。覆土分两次进行，第一次在菌块空隙中填满干净湿润的沙土，要把菌块完全盖住，厚度1.5厘米。然后浇第一次水，水不宜过大，将覆土层浇透的同时不要将菌块浮起。水下渗后进行第二次覆土，并保持菌块上边土层厚度在1.5厘米左右。本着少量多次的原则，要在1～2天内将土层调到适宜的湿度，以手捏土粒成团、不沾手为准。调好后在上面铺上一层核桃大小的石子，石子间距3～5厘米。

（6）搭棚。遮阳棚要略大于畦的面积，分拱形和坡形两种。棚的高度不低于45～50厘米，可略高些，便于农事操作。坡形棚搭建：坡面向南朝阳（即南低北高），北边用木棍立3根钉入畦帮中，间距小于1.5米，支柱高度要高于地面50厘米左右，再用横杆在支柱上连接好，再用几根木条搭上横梁绑好，横梁间距30～40厘米。然后铺上塑料布，南面塑料布落在地上用土压实，北面和棚两头的塑料布不用固定。再在棚上压一层草帘遮阴。

50. 如何进行栗蘑的出菇管理？

（1）出菇前的管理。出菇前主要控制好温度和湿度，此管理阶段不要上大水，要少而勤，上水时间一般选在11～13时，每23天喷水1次，喷水量为每2～3千克/米^2，棚室湿度控制在75%左右，通风在中午前后进行，通风时间为半小时左右，通风口不宜过大。

（2）出菇后的管理。

① 温度管理。因冬季气温较低，温度管理非常重要，温度

一般控制在 22～28 ℃，早晚要增加暖气的供给时间，增加供暖温度，当温度达到 26 ℃以上，应加大通风量、加盖遮阴物、减少暖气的供给来控制棚室温度，最高不要超过 30 ℃。

② 湿度管理。原基形成以后，棚内的湿度要相应增加，上水以小而勤为原则，每天上水 2 次。原基刚形成时，不要把水撒到栗蘑原基上，以免把原基上的小营养珠浇掉。原基分化以后，可以直接把水浇洒到菇体上，此时湿度一般控制在 85%～90%。

③ 通风管理。菇体开始分化后，对氧气的需要开始加大，此时要增大通风量，保持室内空气清新、无异味，但因冬季温度低，要处理好通风与温度的关系，一般以增加通风次数、减少单次通风时间为原则。

④ 光照管理。栗蘑生长需要较强的散射光，早晚可适当增加弱直射光；阳光充足时，要加遮阳设施，以免直射光照射到菇体上。总之，要正确处理好光、温、水、气的关系，根据栗蘑的不同生长阶段，创造适宜栗蘑的最佳生长环境，达到较高的经济效益。

51. 如何进行栗蘑的采收及转潮管理？

在其他条件相同的情况下，栗蘑从出现原基到可以采收的时间，随温度的不同而有所不同，在气温 16～24 ℃时，一般 18～25 天可以采菇。但这不是绝对的，应根据子实体生长状况来定，一般八成熟就可采摘，成熟一朵采摘一朵。

（1）观察生长点。如栗蘑生长过程中光线充足，菌盖颜色深，能观察到菌盖外沿有一轮白色的小白边，即菌盖的生长点。当生长点变暗、界线不明显、边缘稍向内卷时即可采摘。对于管理不当而菌盖颜色浅白者或白色变种，不应参照此标准。

（2）观察菌孔。栗蘑幼嫩时，菌盖背面白色光滑，成熟时背面形成子实层，出现菌孔。栗蘑采摘以刚形成菌孔、菌孔深度不超过1毫米、尚未释放孢子、菇体达到七八成熟时为最佳时期。实践表明，适时采收，栗蘑香味浓，肉质脆嫩、有一定韧性，商品价值高；采收过迟，菌孔伸长散发孢子，栗蘑木质化且变脆，口感差，易破碎，商品价值降低，菇潮次数减少；采收过早，影响产量。

（3）采收方法。采收前两天应停止向菇体喷水，准备好盛放栗蘑的塑料筐和小刀。采收时，不要损伤菌盖，保证菇体完整。为减少破损率，可用手托住菇体的底面，用力向一侧抬起菇根即断，不留残叶，不损伤周围的原基和幼菇。采收后，用小刀将菇体上附着的泥沙或杂质去掉，以免玷污其他菇体，轻放入筐。

（4）转潮管理。栗蘑一次栽培可采收4～5潮菇，每次采收后，捡净碎菇片，要清除料面老化菌丝和死菇，再覆少量土，避免栽培袋过多失水。畦内2～3天不要浇水，让菌丝恢复生长。3天后上一次重水，继续按出菇前的方法管理，15～20天后可出下潮菇，但也有潮次不明显、连续不断出菇的情况。

52. 栗蘑常见病虫害及防治方法有哪些？

（1）常见病害。

①生理性病害。症状：原基枯黄、小菇、密菇、出菇缓慢等。

病因：为“四大要素”失调所致。A. 菌袋失水过多，空气湿度不足；B. 没有调整好通风与提高湿度的关系；C. 掌握湿度大小的时机不对；D. 光线强度时间不适，原基受到灼烤干枯死亡。

防治方法：查清病因后，要有针对性地调整好（四大要素）的相互关系。抑大过，补不足，使之相对平衡。

②细菌性病害。症状：原基和菇体部分变黄、变软，进而腐烂如泥，并有特殊的臭味，多发生在高温、高湿、多雨季节。

病因：干湿不济、通风不良，感染病虫害或机械损伤所致，老出菇生产场地，导致细菌性感染。

防治方法：A. 选择通风向阳，离杂菌源远的新出菇场地；B. 适时补水通风；C. 发现病原组织，及时无害化处理，对其他病虫害要及时早处理，清除畦内杂物和碎菇片等。避免高温、高湿的影响。要及早治虫，切断传播途径。发病初期，用漂白粉或漂白粉精兑水喷雾，可抑制病原细菌的扩展。

③ 真菌性病害。症状：菌棒发霉，主要是绿霉、青霉的污染。绿霉、青霉常污染菌种和菌袋。侵染幼菇发病一般表现为：顶部呈黄褐色枯萎，生长停止，表面很快长出绿色粉状霉层，其邻近的正常生长的健菇可被传染。菌柄基部呈黄褐色腐烂，很快长出绿色粉状霉层。

病因：主要是灭菌不彻底、菌种污染、接种环节污染及栽培管理时期温、湿、气等环境因素没协调好。

防治方法：制种、制袋环节严格执行操作规程，栽培出菇阶段避免高温高湿的环境。一旦发现出菇场所污染，及时用石灰水、草木灰水喷撒。

（2）常见虫害。目前，危害栗蘑子实体的主要虫害是跳虫、线虫、菇蛆虫等。跳虫、线虫主要是危害幼小的菇蕾，菇蛆主要危害成熟的菇体，这些虫害对栗磨子实体的生长和产量、质量有着重要影响，是栽培管理中不可忽视的一个重要问题。

① 综合防治。清洁周围环境卫生；保持清洁水源；发现病虫害及时进行处理，防止传播。铺设防虫网，隔断病虫。

② 诱捕诱杀。黄板诱捕，麸皮炒熟加药诱杀。

③ 药剂防治。在采收结束后，局部地表喷洒 0.3%～0.5% 的杀虫剂。

（3）常见病虫害的防治。栗蘑出菇期较长，特别是贯穿整个高温夏季，时常发生病虫侵害，在坚持“以防为主、综合防治”的同时，通常还采用如下应急防治措施：

① 发现局部杂菌感染时，通常用铁锨将感染部位挖掉，并洒少量石灰水盖面，添湿润新土，拢平畦面，感染部位较多时，可用5%草木灰水浇畦面一次。

② 发现虫害，用4.5%的高效氯氰菊酯1 000倍液喷洒到畦面无菇处。用低毒高效农药杀虫，应当严格执行安全间隔期，避免产品农药残留。

③ 在7～8月高温季节，当畦面有黏液状菌棒出现时，用1%漂白粉溶液喷床面以抑制细菌。

53. 设施栗蘑栽培的经济效益如何?

栗蘑鲜菇生产直接成本为：菌袋成本2.6元/袋，加上林地辅助设施及管理成本0.7元/袋，栗蘑生产的生物学效率在70%，平均单袋出菇350克，鲜菇生产成本9.5元/千克，栗蘑鲜品对外销售价由于季节不同差别较大，平均鲜菇价格20元/千克，栗蘑生产利润10.5元/千克，即单袋利润在3.7元/袋。林地生产一般在4 000～6 000袋/亩，亩利润在1.48万～2.22万元。

第六章 设施黑木耳栽培与病虫害防治

54. 如何确定黑木耳的栽培季节、栽培设施与茬口安排?

(1) 黑木耳栽培季节。黑木耳属中温型菌类，子实体在15～32 ℃都可以形成和生长发育。15～22 ℃时，黑木耳生长期慢，耳片厚、颜色黑、质量好；22～28 ℃最为适合，黑木耳生长快，耳片大、耳片较厚、质量好；28 ℃以上生长的木耳肉稍薄、色淡黄、质量差。因此，北方地区春季栽培出耳期长，产量高，最为有利；秋季栽培出耳虽然质量好，但由于出耳期较短，产量较低。

(2) 黑木耳的栽培设施。黑木耳可以在露天或林下进行生产，不需要设施，仅需架设微喷进行出耳。黑木耳的设施栽培主要是指吊（挂）袋栽培，需要在专门的塑料大棚进行吊袋出耳。吊袋大棚采用钢架结构，分为镀锌钢管和钢筋材料。大棚跨度8～12 米，长度一般 35～50 米，一般要求为南北走向（以利通风，受光均匀），大棚两头留门，门宽 2 米以上（利于通风和降低棚内的湿度）。大棚顶高 2.8～3.5 米，肩高 1.8～2.0 米。钢架结构大棚分为棚架一体式与棚架分体式。棚架一体式是指吊绳系在大棚主体框架上；棚架分体式是指大棚与拴绳的框架分开，棚是棚，架是架。棚式立体吊袋钢筋一体式结构框架，每万袋需投资 1 万～1.5 万元；镀锌钢管分体式结构框架，每万袋需投资

2 万～2.5 万元。从稳固性和安全性的角度，目前比较提倡采用棚架分体式的大棚进行吊袋生产。

(3) 茬口安排。吊袋黑木耳主要安排在春季生产。秋季早秋温度高，后期温度下降较快，出耳期较短，进行大棚吊袋生产效果一般，不建议进行生产。吊袋黑木耳“抢早上市”是关键。吊袋木耳进棚时间要根据本地大棚内温度情况合理安排。春季以 12～15 ℃开口出耳，当地表以下 0.3 米深的地方化冻时，即可进行吊袋。例如，对于华北地区菌袋接种期一般在前一年 11～12 月，菌丝培养期 30～40 天，后熟 15～25 天，2 月上旬扣大棚塑料薄膜以便增温，2 月中下旬菌袋进棚划口催芽，3 月上旬开始吊袋出耳管理，4 月上旬开始采摘，6 月上旬采收结束。

55. 如何选择黑木耳的栽培品种？

为实现“抢早上市”，大棚室吊袋栽培黑木耳的菌种一般选择中早熟品种，早生快发、出耳整齐，单片、耐水抗逆性强，如黑威 15。黑威 15 属于中熟型黑木耳品种，在适应区菌袋刺孔后 12～15 天形成耳芽，50～55 天采收。子实体单片单生，呈碗状或贝壳状，筋脉少，边缘圆整，背面灰至灰黑色，腹面黑色，正反面颜色差别大。耳片较厚，质地柔软。抗杂菌能力较强，耐高温，不易烂耳。

56. 黑木耳的生产配方与栽培原料有哪些？

黑木耳属木腐菌类，所以在袋料栽培生产中一般以木屑作为主料，配料时还会添加一部分麦麸、豆粕以提高含氮量，添加石膏、白灰等调节无机盐或 pH。黑木耳所用的木屑颗粒应大小适中，一般要求小于直径 6 毫米，不可直接用生产香菇的削片来代替，使用前需要过筛，以免装袋后微孔过多，引发链孢霉污染。

此外，原料需搅拌均匀，防止菌丝萌发以后出现截料或吃料不齐的现象；预湿要充分，提前将木屑预湿（不加麦麸、豆饼粉等辅料以免导致料腐败变酸），防止灭菌不彻底。因主料在购买过程中多含有一些水分，因而不建议直接称重进行配比。一般应该在一批原料购进之后用烘干法将主料烘干后测出含水量，然后再进行称量配比。

菌袋生产配方：木屑 86.5%，麦麸 10%，豆粕 2%，石膏 1%，石灰 0.5%。

57. 黑木耳菌袋制作工艺与注意事项有哪些？

黑木耳的菌袋制作工艺分为拌料、装袋、窝口、灭菌、冷却、接种等几个环节。目前拌料、装袋、自动窝口、插棒一体的机器已成熟，并开始应用于大型菌包厂。若增加自动套袋单元，配合使用液体菌种接种机、装筐机、自动上架机，可以进一步实现制棒、接种等工序的自动化。

（1）拌料。为了提高生产效率、拌料均匀，推荐使用拌料机。具体操作方法：按上述配方将主辅料进行称量配比。用电动筛子筛去料中的木块、石块等杂质，防止其在装袋过程中卡住机器或刺破菌袋造成微孔。然后，先干拌两遍，再加入合适的水分，再拌两遍使其充分均匀。要求料的含水量在 60%左右，具体的检测标准以手握成团、手上沾水而不渗出为宜。

在拌料过程中要注意以下几点：

① 主料和辅料一定要准确称量。

② 料水比一定要合适，以免造成太干或太湿。

③ pH 要在标准范围之内。在更换石灰和主料以后，要注意测定 pH。

④ 拌料之前粗木屑、玉米芯、棉籽壳等吸水较慢的材料一定要预湿处理，必须保证其吸透水。

⑤在气温超过 20 ℃时料一定现拌现用，做到料一天一清，不要有隔夜料剩余。

（2）装袋。拌料之后要马上进行装袋，装袋一般用卧式带抱筒的装袋机进行。菌袋采用 16.2 厘米×33 厘米（折幅×长度）的聚乙烯塑料袋。一般的装袋机 1 小时可以装 800～1 000 袋。黑木耳吊袋栽培的菌袋主要采用短袋窝口，中心接种模式。

在装袋过程中要注意以下几点：

装袋要求填料越紧越好，料柱长短保持一致。菌袋填料的松紧度直接影响后期黑木耳的产量和质量。如果填料过松，可能会导致后期出耳的袋料分离，出耳时造成憋芽，进而发生青苔、绿霉感染等一系列问题。在装袋过程中，对填料后的料柱的长短也有一定要求，若料柱过短，菌袋窝入中心口的部分越多，接种后影响菌种和料接触，进而影响菌丝定植；若料柱过长，菌袋窝入中心口的部分不够，容易封口不严，造成污染。

（3）窝口。窝口可以手工进行，也可以使用窝口机。窝口时压平袋口处料面，将多余的菌袋折回，塞入中心孔。窝口之后将塑料空心袋插入到窝口部位，然后把菌袋放入铁筐中。

窝口要求："一平、二紧、三匀"。"一平"是指料面要平，"二紧"是指袋口要紧，"三匀"是指窝口部分要匀，大小一致。

（4）灭菌。灭菌是用蒸汽杀灭菌袋内所有微生物的一个过程。由于黑木耳菌袋采用聚乙烯袋，所以生产中一般采用常压灭菌法，把菌袋加热到 100 ℃保持 8～10 小时，然后再闷 5 小时左右。

灭菌的注意事项：在灭菌过程中要做到"一快、二稳、三缓慢"，外加"一干净"。

"一快"是指升温要快，一般情况下要求从点火到菌袋内部温度达到 100 ℃要在 5 小时以内完成，也就是所谓的攻头。

"二稳"是指保温要稳，也就是说菌袋温度达到 100 ℃到加热结束的这 8～10 小时之内，温度要一直稳定在 100℃，不要使温度产生波动。

“三缓慢”是指闷锅期间温度下降要缓慢。一般情况下，要求闷锅过程的5小时内菌袋间温度尽量不要低于75℃。

“一干净”是指冷空气排放要干净。在升温过程中要把全部放汽阀打开，等到排气阀的蒸汽呈直线状喷出时将排气阀部分关闭。注意灭菌过程中，不要将排气阀（口）完全关闭。

（5）冷却。灭菌结束后要马上将菌袋搬入冷却室冷却。冷却室要提前用臭氧机或二氯异氰尿酸钠消毒。如果冷却室有换气孔，一定要在进排气孔上加装过滤系统，以免杂菌袋在冷却过程中吸入杂菌。

（6）接种。目前，食用菌生产无菌接种时主要采用接种箱、接种帐。工厂化生产主要在接种室内进行。木耳菌包生产企业已全部采用空气净化无菌接种通道。空气净化灭菌接种通道一般由两部分组成，即空气净化系统和动力传送系统。空气净化系统一般选用过滤效果为99.9%的FFU风机单元，根据接种车间大小和工作区域大小进行组合，传送系统一般采用后托辊传送，根据传送距离可选用有动力传送和无动力传送，一般接种通道采用垂直送风方式。接种通道空气净化程度高，接种效率高。目前，黑木耳大型菌包厂都采用净化间接种，而且一般与液体菌种配合使用，效果明显。

接种的具体操作流程：接种室预消毒→菌袋消毒→工人进室→拔出空心袋→放入菌种→塞棉塞→完毕。接种过程中要注意以下几点：

① 接种工作开始之前，一定要把药物残留放净，以减少对人体的伤害。

② 接种的菌种量要适中，以添满接种孔而不塞紧为宜。

③ 接种过程中，要尽量创造两个温差，即接种室要比气温高2～3℃，菌袋温度要比接种室温度高2～3℃，以减少菌袋污染率。

④ 接种人员要穿戴专用工作服、戴口罩，尽量不要交谈和做剧烈运动。

58. 如何进行黑木耳菌袋的发菌管理？

(1) 设施要求。黑木耳养菌要在专门的养菌室内进行，养菌室要求配有控温设备（以取暖为主）、养菌架和通风系统。

(2) 环境调控。养菌过程需要协调好温度、光照、湿度、通风四者之间的关系，主要的工作是控制温度和通风。具体技术要求如下：

① 菌袋进入养菌室的前7天主要以保温为主，一般要求袋内温度在25～28℃，以促进菌丝尽快萌发吃料。在此期间要求每天通风一次，以进入养菌室没有明显异味为标准。

② 菌袋进养菌室8～20天时，菌丝生长速度加快，产生代谢热，在此期间要适当下调养菌室的温度至24℃左右。在此期间还要注意加大通风量，每天最少通3次风，通风要求要对流。

③ 菌袋培养21～35天时，要继续下调养菌室的温度。一般要求温度在22～24℃，继续加大通风量。

④ 一般在35天左右菌丝会长满菌袋。根据品种的特性要继续培养7～30天，进行后熟。后熟培养期要把温度调整到20℃以下。

(3) 注意事项。黑木耳养菌期要特别注意以下几点：

① 养菌室在进菌袋前15～20天要进行杀菌杀虫处理，尤其是老菌房更要注意杀菌杀虫。

② 养菌期要严格按菌丝各生长期所需来控制温度和通风，严防温度过高，造成烧菌。

③ 在整个养菌期间，要注意保持养菌室的黑暗环境，避免因光照刺激提前出耳。

59. 黑木耳菌袋开口方式有哪些？需要注意什么？

（1）开口方式。菌袋开口使用省力化的机械开口机，有手动送袋和电动传送两种。手动按压式木耳菌棒开口机通过人力向下按黑木耳菌棒，借助弹簧的按压力，利用安装在滚轮上面的刀头的挤压来完成对菌袋的开口。3 人配合，每小时可完成 800 个菌棒的开口工作，效率是拍板式手工开口器的 5 倍。滚板式电动木耳菌棒开口机通过传送带与黑木耳菌袋之间的摩擦力向前推送菌棒。借助弹簧的按压力，利用安装在上面（或下面）的刀头的挤压来完成对菌袋的开口。3 人配合，每小时可完成 2 400 个菌棒的开口工作，效率是普通手动开口机的 2～3 倍，是拍板式手工开口器的 10～15 倍。

口形有“1”、Y 形或 O 形，开口直径 0.3～0.4 厘米，开口深度 0.3～0.5 厘米，开口数量 180～220 个。推荐开“1”形口，单片率高、出耳齐、耳根小。

（2）注意事项。

① 提前将培养好的菌袋运进棚中，缓菌 2～3 天再开口。

② 开口机刀头勤用 70%的酒精擦拭消毒。

③ 菌丝未完全长满或有少部分污染的菌袋挑出来，单独处理。

60. 如何进行黑木耳的催芽管理？

开口后将菌袋码垛，放在大棚内吊袋架下，使用草帘覆盖。一般码放 4～5 层菌袋为宜，避免堆温过高造成烧菌。大棚覆盖遮阳网遮阴，保持散射光照射，使棚内温度保持在 18～25 ℃，空气相对湿度达到 80%左右（不能向菌袋上喷水），持续 5～7

天，使菌袋菌丝封住出耳口。之后增加空气相对湿度至80%～90%，直至开口处形成黑色耳线。

61. 如何进行黑木耳的出耳管理?

(1) 吊袋。在棚内框架横杆上，每隔20～25厘米处，按“品”字形系紧3根（或两根）尼龙绳，并将绳子的底端打结。然后，把开口处已形成耳线的菌袋袋口朝下，夹在尼龙绳中间，再在3根尼龙绳上扣上两头带钩的细铁钩（长度以5厘米为宜，也可采用塑料三角托），即可吊完一袋。第二袋按同样步骤将菌袋托在细铁钩上，以此类推直到吊完为止。一般每组尼龙绳可立体吊8袋。吊袋时，每行之间应按“品”字形进行，袋与袋之间距离不宜少于20厘米，行与行之间距离不能少于25厘米。菌袋离地面30～50厘米，以利于通风，提高产量，防止产生畸形木耳。为了防止通风时菌袋随风摇晃、相互碰撞使耳芽脱落，吊绳底部用绳链接在一起，然后固定在地面的铆钉上。

(2) 育耳管理。菌袋开始挂袋2～3天内，不可浇水。温度要靠遮阴网和塑料薄膜调节，使温度控制在20～25℃。通过向地面上浇水，使棚内空气相对湿度始终保持在80%左右。待2～3天菌袋菌丝恢复后，可以往菌袋上浇水，每天进行间歇喷水，使湿度达到90%。这阶段切忌浇重水，以保湿为主，每天通风2次，持续7～10天，耳芽成绿豆大小。逐渐加大浇水量，加大通风量。原则上棚内温度超过25℃不浇水，早春一般在午后3时至翌日9时之前这段时间进行间歇喷水，5月后一般在午后5时至翌日7时之前这段时间浇水，使空气相对湿度始终保持在90%～95%。采取间歇式浇水，浇水30～40分钟，停水15～20分钟，重复3～4次。根据气温情况，一般浇水时放下棚膜，不浇水时将棚膜及遮阳网卷到棚顶进行通风和晒袋。正常情况下，喷水后通风，每天通风3～4次，天热时早晚通风，气温低时在中午通风。温度高湿度大时还可通过盖遮阴网、掀开棚四周塑料膜进行通风调节，严防高温高湿。

62. 如何进行黑木耳的采收及转潮管理？

（1）采收。大棚内吊袋栽培黑木耳一般在4月上旬即可采收第一潮，4月下旬采收第二潮黑木耳。当黑木耳耳片长到3～5厘米、耳边下垂时就可以采收。当黑木耳采收过半后应停水2天，将黑木耳晒干后再进行浇水，待耳片大部分长至3～5厘米，将耳片一次性采下。可以在吊袋棚地面铺设地布，将耳片采摘下来，使其落到地布上，然后将地布上的耳片收集起来。

（2）转潮管理。采收木耳后，将大棚的塑料薄膜和遮阳网卷至棚顶，晒袋5天左右，然后再浇水管理。

63. 黑木耳的晾晒方法有哪些？

采收后的耳片立即铺于晾晒床上进行晒制。注意耳片铺得不宜过厚，一般以单层为好，使其快速失水定形。随着耳片水分减少，将耳片攒堆，铺得厚一些，有利于耳片定形。一般情况下1～2天就可以干透。在干制过程中要注意两点：①干制过程尤其是单片没定型前不要翻动，以免形成拳耳；②夜间要覆盖塑料布防露，以免露水打湿耳片，从而影响耳片色泽。

64. 黑木耳常见病虫害及防治方法有哪些？

病虫害直接影响黑木耳的品质与产量。因此，要做到预防为主，防治结合，严格控制病虫害的发生。从病害发生情况看，发菌期绿霉、链孢霉、黄曲霉危害较为严重。出耳期袋料分离引起的绿苔，高温引起的绿霉问题突出，同时，高温、通风差、湿度管理不当也会引起流耳发生。建议采取通风、降温措施。虫害方面，黑木耳出耳期不算严重，主要是菇蚊蝇、螨类和跳虫。建议轮换出耳场地，并对老菇场地面及催芽草帘等覆盖物彻底消毒，出耳期尽量不用药物。

(1) 黑木耳常见生理性病害。

① 流耳。采收不及时、出耳期高温高湿都会造成流耳。

防治方法：主要是预防高温高湿，加强通风，及时采收。

② 黄耳。黄耳主要是指因为光照弱或温度湿度较高、耳片生长过快而使得耳片发黄的现象。此外，菌丝受低温冻害，也会使耳片发黄。

防治方法：主要是加强光照。在高温时停止喷水，使耳片停止生长。待温度降低时，喷水再让耳片恢复生长。

③“淌红水”。开口或打眼后 5～10 天，发现开口打眼处有红褐色的黏液，从开口处溢出，同时后期伴有绿霉出现并大面积滋生。

防治方法：养菌室内合理布局，加强通风，控制菌袋料内温度不超过 25 ℃。开口后，菌袋码放要稀疏，在保持湿度的同时，注意留通风口。

④ 黑木耳畸形。黑木耳子实体畸形表现为拳状或鸡爪状。

防治方法：开口后注意通风，防止菌床内缺氧。同时合理安排生产季节，防止分化期过冷影响耳片展开；催芽结束后及时加大喷水量，以促进耳片展开。

(2) 黑木耳常见非生理性病害。黑木耳常见非生理性病害为杂菌的污染。发菌期发生率高于出耳期。侵染的杂菌，主要是各种霉菌。其危害最大的是木霉，约占 90%以上。其次是青霉、曲霉、链孢霉、根霉和毛霉等。杂菌中竞争性居多，主要是与木耳菌丝争夺培养料内的养分和水分，有的还分泌毒素，抑制黑木耳菌丝生长。此外，出耳期发生袋料分离，菌袋开口处还会滋生绿藻。

防治方法：

① 木屑拌料前过筛，去除尖锐大块物，并提前预湿，防止装袋时刺破菌袋，产生微孔，造成杂菌侵入。

② 拌料均匀，培养基要彻底灭菌。

③ 防止棉塞受潮、菌袋破损，接种要进行无菌操作。

④ 出耳后每 3 天喷 1 次 1%石灰水，有良好的防霉作用。

⑤ 养菌室提前杀菌杀虫。

⑥ 开口时，刀头勤用 70%酒精擦拭消毒。

⑦ 催芽时，将草帘置于阳光下晾晒 1～2 天，再用 0.2%或 0.1%高锰酸钾或 0.2%多菌灵溶液喷洒消毒。

（3）黑木耳常见虫害。危害木耳常见的害虫有螨虫、跳虫、线虫、菇蚊。

防治方法：遵循“预防为主、综合防治”的方针。要特别强调环境卫生和改进栽培技术措施的作用，选择生长势好、抗逆性强的品种，控制病、虫及杂菌的发生。如果确需化学药剂进行辅助治疗，则要选用高效、低毒、低残留的药剂，并做到适时、适量、合理使用。

65. 设施黑木耳栽培的优点有哪些？

黑木耳大棚吊袋栽培模式，具有省地、节水、上市早、品质优、售价高的优势。因采取悬挂吊袋的方式，在相同面积下，其摆放数量是传统地栽（地摆）黑木耳的 4～5 倍。与地栽相比，大棚吊袋生产黑木耳早增温、早开口、早出耳、早采收、早销售，可实现提前 1 个月采摘。由于棚室黑木耳生长过程受天气影响小，可以解决华北及东北地区春季短、气温升高快、地摆黑木耳品质差的问题；同时，生产过程中用水少，条件相对可控，无污染。

66. 设施黑木耳栽培的经济效益如何？

设施吊袋黑木耳可以提早上市，品质优，售价高，每袋吊袋耳纯利润比地栽木耳要高出 0.5～1.0 元。400 米^2 的钢架大棚投资约 2.5 万元，可使用 10 年，年折旧费用 2 500 元，可以吊 25 000 袋，菌袋成本 5 万～5.5 万元。每袋可产干耳 0.04 千克，售价 70～80 元/千克，收入 7 万～8 万元，纯利润为 1.75 万～2.25 万元。

设施茶树菇栽培与病虫害防治

67. 如何确定茶树菇的栽培季节、栽培设施与茬口安排？

（1）栽培季节与茬口安排。茶树菇属于中温型食用菌，菌丝体在 3～35 ℃下均可生长，最适温度为 23～28 ℃。子实体分化发育温度为 15～25 ℃，最适宜的温度为 18～24 ℃。当温度较低时，子实体生长缓慢，致密，品质好；当温度较高时，子实体生长较快，组织疏松，易开伞，品质差。

根据茶树菇中温出菇的特点，在我国大部分地区均可进行栽培，栽培季节和茬口需要根据当地的气候状况合理安排。总体上要把握以下几个原则：

① 地域。

A. 北京地区。北京地区一般 6～8 月出菇较好，因此，大部分园区选择每年的 3～5 月制棒，6～11 月出头年新菇（出 3 潮菇）。这样安排还有一个原因是 6～8 月全国温度普遍较高，南方主产区茶树菇不易运输至北京，这个时候菇价较高，可以填补市场空白，并且取得可观的经济效益。11 月后北京地区温度逐渐降低，与其他喜低温食用菌不同，温度降低后茶树菇难以出菇，此时菇农采取的措施为两棚茶树菇菌棒合成一棚上架栽培出菇，在温室中采用简易锅炉保温继续出菇，部分条件较好的菇农采用水管地暖加温出菇，但是成本较高。保温阶段一般从 11 月出菇至翌年 6 月左右。另外也有少部分不同的栽培季节，如部分菇农在每年 11～12 月制棒，然后越冬养菌，翌年 4～5 月出菇，抢占早菇市场；昌平区有少部分农户制棒时间安排在每年 10 月初，待菌丝发满 80 天后，翌年 1 月直接摆袋上简易出菇架，不在地面出菇。

B. 河南地区。河南地区属于我国中部地区，农业大省，栽培茶树菇较多，相对北京来说气温略微温和，一般安排在 3～4 月制棒接种，5～11 月出菇。秋季安排在 8 月上旬至 8 月底制棒接种，9 月下旬开始出菇，冬季在大棚内可以正常出菇，保温方式类似北京生产方式。

C. 长江以南地区。长江以南地区气候比北京、河南更加温润，春季制棒接种可提前至 2 月下旬至 4 月中旬，4～6 月出菇。秋季 8～9 月制棒接种，10 月上旬至翌年春季出菇。

D. 四川地区。以四川中部气候为例，一般春季 3～4 月制棒接种，5～6 月出菇。秋季 8 月至 9 月上旬制棒接种，10 月中旬至翌年春季出菇。

E. 福建地区。福建省古田县是茶树菇的发源地，福建省也是全国最大的茶树菇产区之一，当地生产历史悠久、水平较高，全年可以实现不中断出菇，菌棒生产主要集中在每年的 7～9 月。

② 发菌周期。茶树菇属于中温型食用菌，15～25 ℃均可出菇，最佳出菇温度为 18～22 ℃，因此，栽培季节和茬口可以根据当地气候灵活安排，原则是秋季温度下降至 22 ℃，春季温度上升至 18 ℃时进行出菇管理，那么制棒接种时间就是出菇期往前推 2～3 个月，同时，还要结合设施发菌保温条件，合理安排制棒接种时间。发菌期需要避免温度过高或过低，温度过高，发菌污染严重；温度过低，影响发菌速度。

③ 规避不适宜的时间。茶树菇中温型特点，决定了其在 7～8 月高温期和 12 月至翌年 1 月低温期时间内，无论是制棒、接种、发菌和出菇都是不适宜的，因此，无论是高温茬口还是低温

茬口，安排栽培时间时，尽量避开这两个时间段。

（2）栽培设施。茶树菇栽培设施多样，广大茶树菇菇农根据当地的资源和气候特点，设计建造出形状各异的栽培设施。其中，最主要的就是日光温室栽培设施，其次还有塑料大棚、工厂化出菇房、小拱棚栽培等。

① 日光温室。茶树菇最传统也是最常见的栽培设施，此栽培设施的优势在于棚内空间大、使用寿命较长、小型运输工具出入方便、管理人员作业便捷。一般分为地摆和上架两种栽培方式，地摆出菇一般每棚可以摆 3.5 万～4.5 万棒，建立简易三脚架则可以摆放 7 万～9 万棒。

② 塑料大棚。塑料大棚一般春夏季栽培适宜，冬季保温效果差，不利于出菇。塑料大棚栽培茶树菇一般结合黑白膜进行覆盖，茶树菇发菌及出菇期需要严格避光，因此，此模式需要覆盖多层棉被加黑白膜，能够在夏季实现良好的降温效果。

③ 工厂化出菇房。工厂化出菇房内设多层床架，具有控温、增湿、通风、控光等多种调控功能。空间利用率非常高，但是成本也相对较高。目前日本有企业利用工厂化生产茶树菇，周年出菇，产量集中在头 1～2 潮菇，单位时间、单位面积产值较高，由于前期投入较大，对设备要求高，而茶树菇生长发育周期长，这种生产方式目前暂时未在中国普及。

④ 小拱棚栽培。小拱棚栽培适宜结合林下、葡萄架下等模式进行套种，适宜融合观光、休闲、采摘农业进行，需要注意选择与茶树菇出菇温型一致的作物作为套种作物，在都市农业飞速发展的今天，对茶树菇栽培效益的提升具有积极意义。

68. 如何选择茶树菇的栽培品种？

茶树菇品种在很大程度上决定着子实体的产量、品质及商品性状，优良的品种是茶树菇生产能否优质、高效的基础和关键。

目前茶树菇菌种市场相对较混乱，同种异名、同名异种现象严重，栽培户在选择栽培品种的时候，建议从以下几个方面进行选择：

（1）选购注意事项。

① 到正规菌种机构选购。正规菌种机构一般有菌种编号和菌种名称，经过长期田间试验和国家相关部门审定的品种，菌种来源和质量有所保证。

② 注意运输过程。菌种购买中的运输过程，需要注意天气、温度、包装等问题。天气炎热容易导致高温烧菌，产生巨大损失，因此，运输过程需要严格控制运输温度在 30 ℃以下；同时需要注意包装，用封闭性较好的包装材料，能够很好地与外界进行隔离，否则菌种吸附较多空气中的杂菌，会产生污染现象。

③ 观察菌丝健壮程度。健壮的菌丝一般浓白、致密、均匀一致、生命力强。如果菌丝出现稀松、参差不齐、老化、杂色斑点或拮抗线等现象，一定不要作为栽培种。

④ 慎重选择新品种。传统品种一般经过大量出菇试验，性状比较稳定，适合大批量生产。而新品种一般性状不稳定，对于新品种，应该问清楚品种特性和适宜栽培的区域、栽培基质配方、温型等信息，然后少量引进试验栽培，以免给生产带来损失。

（2）茶树菇品种温型。茶树菇根据出菇适宜温度不同可以分为中低温型、中温型和中高温型，各地栽培户可以根据当地气候和栽培茬口合理选择适宜的栽培品种。

① 中低温型。子实体分化温度范围为 10～20 ℃，最适宜的出菇温度为 14～16 ℃，适宜秋末、冬初出菇。

② 中温型。子实体分化温度范围为 12～22 ℃，最适宜的出菇温度为 16～20 ℃，适宜春、秋季节出菇。

③ 中高温型。子实体分化温度范围为 15～25 ℃，最适宜的出菇温度为 18～22 ℃，适宜春末、夏初出菇。

69. 茶树菇的生产配方与栽培原料有哪些？

茶树菇是一种对纤维素、木质素分解能力较弱的木腐菌，氮源丰富，生长速度快，出现原基及子实体速度快。栽培原料的选择应该本着价格低廉、易于获取的原则。

（1）原料选取原则。

① 充足的营养。茶树菇是一种木腐菌，所需的营养物质全部需要从栽培基质中获取，因此，栽培基质内所含的营养必须充足，能够满足茶树菇整个生长发育周期对营养物质的需求。

② 良好的保水性。茶树菇菌丝萌发、生长、催蕾、出菇等生长发育阶段都需要水分作为支撑，大部分水分需要从栽培基质中获取，因此，培养料含水量的高低、是否具有良好的持水性都直接影响着茶树菇产量和经济效益。合理搭配好栽培基质的物理结构，使其具有良好的保水性，在不影响菌丝生长的情况下适当加大含水量，是获得高产、稳产的关键和重中之重。

③ 疏松的透气性。茶树菇菌丝生长过程中尤其是生长后期需要完成呼吸作用，而呼吸作用需要消耗大量的氧气并排出二氧化碳，因此，要求栽培基质要质地疏松、柔软、富有弹性，能够更好地完成菌丝的呼吸作用。

④ 干燥洁净。茶树菇具有一定的富集作用，这就要求栽培基质所用原料全部新鲜、无霉变、无虫、无刺激性气味和杂质，无工业废水残留和农药残留、无重金属超标等。除了保证高产、稳产的目的外，还保证了食品安全。

（2）生产配方。生产中一般以棉籽壳、木屑、玉米芯等为主料，麦麸、玉米粉、茶籽饼、红糖、石灰、石膏等为辅料，可选配方有以下几种：

① 棉籽壳 37.5%，木屑 30%，麦麸 18%，玉米粉 8%，茶籽饼 4%，红糖 0.6%，石膏 1.5%，磷酸二氢钾 0.4%。

② 棉籽壳 82%，麦麸 16%，石灰 2%。

③ 棉籽壳 78%，麦麸 20%，石膏 1%，石灰 0.5%，蔗糖 0.5%。

④ 木屑 72%，麦麸 25%，石膏 1%，蔗糖 1%，过磷酸钙 0.5%，石灰 0.5%。

⑤ 玉米芯 37%，木屑 38%，麦麸 23%，石膏 1%，过磷酸钙 0.5%，石灰 0.5%。

⑥ 玉米芯 60%，棉籽壳 10%，木屑 10%，麦麸 12%，玉米粉 6%，石膏 1%，蔗糖 0.5%，磷酸二氢钾 0.4%，硫酸镁 0.1%。

70. 茶树菇菌棒制作工艺与注意事项有哪些?

菌棒制作时可以根据当年各种原材料价格，按照最优性价比选择栽培料配方，提前一天将主料平铺，进行拌料和加水预湿，利用自走式搅拌机，边搅拌，边洒水，加水比例按照 1∶(1.2～1.3)，洒水要均匀，含水量 65%，以用手握紧能成团、指缝间有水流出而不下滴为宜。培养料配置好后，要及时装袋，防止配料酸败。栽培袋规格采用 15 厘米×30 厘米的聚乙烯菌袋，聚乙烯韧性好，不易破碎，适合常压灭菌。首先将菌袋取出来在凳子上面进行摔打，这样做的目的是为了防止装袋过程中菌袋粘连。

装袋方法一般采用小型装袋机结合手工系绳的方法，培养料装料要紧实，一般每袋湿料重 800 克左右。封好口的菌袋，需要码放至编织袋中，然后把装满菌棒的编织袋扛至灭菌处，然后整齐地码放在灭菌灶上等待灭菌。灭菌时采用锅炉蒸汽进行常压灭菌，有些园区选择燃煤，有些园区选择燃烧出菇后的废菌棒。灭菌过程要严格保持 100 ℃常压灭菌 48 小时，中间不停火、不降温，确保灭菌彻底，灭菌结束后，待锅内温度降至 50～60 ℃，就可以趁热搬运菌棒到接种空间，搬运时注意轻拿轻放，避免出现破袋、微孔现象，从而导致菌棒污染。茶树菇菌棒灭菌结束后，等待料袋温度冷却至 30 ℃左右时接种，利用余温接种后菌丝萌发快，温度不能过高，过高容易导致菌种“烧死”现象。需要选择适龄的菌种，坚决不用有问题的菌种，宁可栽培棒等菌种，不可菌种等栽培棒。接种时应该加大接种量，接种时菌种不能弄的太碎，避免出现死种，以保障菌种定植。接种一般在出菇棚内进行，打扫卫生后，搭建接种帐，接种帐内利用气雾消毒盒进行消毒灭菌。接种时，接种人员需要用酒精擦手消毒，穿干净的衣服和鞋子。尽量避免阴雨天、空气潮湿天气接种，应选择在晴天、早晚温度较低时进行接种，一般每 8 个人一组进行接种，每小时可以接种 1 800 棒左右。

71. 如何进行茶树菇菌棒的发菌管理？

接种后将菌棒移入发菌室内进行发菌管理。发菌期要注意控制温度、湿度、光照和空气循环。

（1）空气温度。发菌期环境温度宜控制在 20～27 ℃，发菌前期环境温度要略微高一些，因为菌棒接种后 2～3 天，菌种块开始萌发并吃料，然后菌丝向四周辐射生长，占满料面，这个阶段菌丝处于恢复和萌发阶段，料温一般比空气温度低 1～2 ℃，故空气温度宜掌握在 25～27 ℃，而发菌后期，菌丝生长旺盛，菌丝量急剧增加，此阶段菌丝呼吸作用加强，代谢活跃，自身产生热量，料温比室温高 3～4 ℃，因此，此阶段室温应控制在 20～23 ℃。

（2）空气湿度。发菌期空气湿度应控制在 60%～70%，若空气湿度过低，会导致料面失水、干燥，影响产量的同时还会增加污染率；若空气湿度过高，则可直接导致污染率增加、滋生菇蚊蝇等问题。因此，若空气湿度高，则需要加强通风换气；若空气湿度低，则需要适当增湿保湿，为发菌提供一个良好的环境。

（3）光照强度。茶树菇菌丝生长过程中不需要光照，光照会抑制菌丝生长，因此，整个发菌期，需要保持完全黑暗无光照的发菌环境，发菌期如果需要入发菌棚开展倒堆等农艺操作，则需要佩戴小型手电，农艺操作后立刻退出发菌棚，以保证发菌周期的完全黑暗环境。

(4) 空气循环。发菌前期，菌丝处于恢复和萌发阶段，此阶段菌丝生长不需要太多氧气，可以尽量减少通风，注重发菌棚保温。发菌中后期，菌丝生长至菌袋长度一半以后，由于菌丝生长旺盛，呼吸作用变强，代谢活跃，需要大量氧气，此阶段需注意通风换气，否则如果二氧化碳浓度高，出现缺氧现象，菌丝会变得纤细，不浓白，颜色淡。整个发菌周期二氧化碳浓度控制在0.2%～0.4%。

同时，发菌期还应该注意：翻堆调节垛温，严防高温烧菌，发菌至将近一半时解开系绳，但是不撑开袋口，少量通气，这个时候可以把污染菌棒和菌丝萌发异常的菌棒全部挑出来；对于杂菌污染的菌棒，可用75%酒精或1%多菌灵溶液注射，能够有效控制污染源的传播和蔓延，如果出现红色链孢霉等污染严重的菌棒，应该及时清除、深埋，以免影响后续生产；对于萌发异常及菌丝生长不良的菌棒应及时回锅灭菌，然后重新接种，跟随后续菌棒发菌；当发菌快发满时完全撑开袋口，撑开袋口的同时，需要把老菌种块剥离菌棒；将未发满的菌棒集中到一起，等待发满后再撑开袋口；菌丝发满后，需要一定时间的后熟期，大概2周左右。

根据经验，生理成熟的标准有3项，一是合适温度环境下大概60～80天菌龄；二是菌丝色泽为浓白，涨势旺盛，有部分菌棒开始吐黄水；三是菌棒开始发硬并且富有弹性，质量较开始时降低20%左右。

72. 如何进行茶树菇的畦式地摆出菇管理？

茶树菇出菇管理主要包括菌袋排场卷口、催蕾管理和出菇环境控制 3 个方面。

（1）菌棒排场卷口。将发菌完毕的菌棒转移至出菇场地后，采用立式出菇的模式，即出菇口向上，将菌棒一个个码放于地面畦床上，菌棒之间保留适当的空隙以利于散热，将棚内场地整理成宽 1 米左右的畦床，畦床与畦床之间留 20 厘米甚至更小的走道，以便摆放更多的茶树菇菌棒和通风散热。菌袋排场的过程中，需要适时的翻卷袋口，翻卷袋口的标志有如下几项：

① 有效积温。茶树菇有效积温为 1 600～1 800 ℃，根据茶树菇的生理特性，一般 4～30 ℃作为有效积温。

② 菌棒内长满菌丝，长势旺盛浓密，气生菌丝呈棉绒状，菌棒口出现棕褐色斑或吐黄水，即将进行转色。

达到上述标志后，应该尽快将菌棒进行排场，排场的过程可以翻卷袋口。若翻卷袋口时间过早，菌丝没有达到生理成熟，则袋口表面不转色，不形成菌皮，菌棒就会因为没有菌皮的保护而过早的失水和失重，严重影响茶树菇的产量和质量；若翻卷袋口时间过晚，因菌丝生理成熟而分泌黄水，在袋内出菇，空耗养分不成形，而且袋内菇很可能导致菌棒污染。翻卷袋口后，菌丝受到光照和氧气的刺激，菌袋表面形成一层褐色保护层，这层保护层能够有效地保护菌棒不被杂菌污染，同时锁住菌棒水分不流失，对高产稳产具有重要作用。

（2）催蕾管理。刺激茶树菇菌丝体扭结成原基、促进菇蕾形成的措施是多种多样的，如温差刺激、湿差刺激、光照刺激、搔菌刺激等。

① 温差刺激。当茶树菇菌棒中的菌丝获取充足的营养以后，受到外界刺激就可以诱导原基形成，其中温差刺激是最重要的催蕾方式之一，而且温差越大，形成的原基越多。方法是连续 3～5 天拉大昼夜温差，白天关闭门窗及通风口，升高棚内温度，待夜晚温度较低的时候打开门窗及通风口，使昼夜温差达 8～10 ℃，然后菌棒表层会出现许多密密麻麻的白色颗粒状原基，

这说明已经催蕾完成，即将分化为菇蕾，这个时候尽量控制通风次数和通风量，以免吹伤小原基，影响后续出菇。

② 湿差刺激。催蕾期除了温差可以刺激出菇外，还可以结合喷水进行湿差刺激出菇，这也是催蕾出菇的重要途径之一。方法是每次喷水后结合通风，使菌棒处于干干湿湿、干湿交替的状态。需要注意通风一定要在菌棒生理成熟后，若菌棒未形成保护层，过量通风则会导致菌棒失水过多。

③ 光照刺激。茶树菇发菌期完全不需要光照，因此，棚内尽量保持黑暗，当菌棒生理成熟后达到催蕾条件时，可以利用光照刺激达到催蕾的效果。方法是将棚顶的遮阴物拨开或打开门窗、通风口，使较强的光照刺激菌丝，入场刺激 3～5 天后，菌袋上一般会有细小的水珠，然后再继续刺激 2～3 天，在菌棒表面就会形成密集的白色菇蕾原基，标志着催蕾步骤的完成。

④ 搔菌刺激。菌棒达到生理成熟的条件，进行排场和卷口后，就可以搔掉菌棒表面的老菌种块和老菌皮，达到催蕾出菇的目的。方法是用小刀或其他搔菌工具，把培养料面与表层的培养基部分扒掉，尽可能不破坏培养料的菌床，保证幼蕾的正常生长。

(3) 出菇环境控制。

① 温度控制。温度尽量控制在 18～22 ℃。夏季做好降温工作，冬季做好保温措施。

② 湿度控制。保持出菇空间湿度在 80%～90%，可以在地面和墙面喷水保湿，注意干湿交替，尤其夏季高温季节，避免高温高湿的环境导致污染。

③ 通风管理。出菇棚内每天通风 2 次，早晚各一次，每次 10～20 分钟。根据天气情况通风，风大就减少通风时间，风小就加大通风时间。根据菇蕾多少决定通风量，菇多则呼吸作用强，适当多通风；菇少则呼吸作用弱，适当少通风。

④ 光照管理。整个出菇期不需要光照，保持黑暗环境即可，

每天棚内操作佩戴手电筒，可以起到一定的补光作用。

73. 如何进行茶树菇的架式保温出菇管理？

11 月后温度逐渐降低，与其他喜低温食用菌不同，温度降低后茶树菇难以出菇，此时菇农采取的措施为将两棚茶树菇菌棒合成一棚上架栽培，俗语称为“保温”，也就是茶树菇的冬季保温出菇。此阶段所用菌棒已经出 4～5 潮菇，营养物质消耗较多，而且冬季气温较低，管理措施与地摆出菇不同，具体如下：

（1）保温设施。由于冬季温度较低，地摆菌棒已经不能满足出菇的需求，所以在棚内搭建简易的三脚架，将地摆菌棒上架出菇，这样利用菌丝自身产生物热，可以起到保温的作用。地摆出菇一般每棚可以摆 3.5 万～4.5 万棒，建立简易三脚架则可以摆放 7 万～9 万棒。除了增加了三脚架的保温设施外，菇农还可以在菇棚内搭建简易锅炉，燃烧菌糠来提升棚内温度。除了在棚内利用简易三脚架和简易锅炉外，部分条件较好的园区还安装有地暖或暖气片，起到升温的作用，但是成本较高。

（2）后期追肥。出菇后期，尤其是保温出菇阶段，菌棒栽培基质内营养物质消耗较多，剩余营养已经不足以支撑茶树菇的丰产稳产，这个时候需要根据出菇情况进行合理追肥，追肥浓度从出菇前期的每亩 15 千克逐渐增加到出菇后期的每亩 200 千克，不同时期需要追施不同浓度的肥料，这个需要根据出菇情况灵活把握。

74. 如何进行茶树菇的采收及转潮管理？

茶树菇栽培从菇蕾到采收一般 5～7 天。

（1）采收标准。茶树菇子实体约八分熟。菌盖直径 1～2 厘米，菌柄长 8～15 厘米，最长 20 厘米。在 20 厘米内可以按照当时的市场需求合理控制采收时间。菌盖颜色转成暗红色、菌膜未破或微破、菌环尚未脱落时，要尽快采收。

(2) 采收方式。采收时，手握紧菌柄一次性连带整丛拔起，注意不要太用力，然后剪掉菌柄基部残留的培养料等杂质，挑拣出伤、残、病菇后，将商品性状较好的茶树菇规则地码放入专用泡沫箱子里，中间用报纸隔开。及时运输销售或冷藏。

(3) 转潮管理。茶树菇转潮管理根据生长发育周期不同而各有侧重。一般正季生产 3～5 月制棒，6 月开始出菇，前 4～5 潮菇营养物质丰富，温度适宜，这个时候转潮较快，一般间隔 7～8 天，每月可以出 2 潮菇。当进入冬季以后，温度不适宜，转潮较慢，一般间隔 10～15 天，每月出 1 潮菇，当进入翌年春季，温度适宜，但是营养物质相对减少，品质较差，每月出 1 潮菇。

① 头 4～5 潮菇。这个时候菌棒内营养物质和水分较为充足，转潮期不需要补充营养及水分，但是应控制好温度、湿度，一般采用雾化喷水，使地面、墙面及菌袋表面湿润，按照前文所述的催蕾方式合理催蕾育菇。

② 冬季转潮。冬季转潮时间较长，应按照合理的温度、湿度、光照和通风要求进行管理，重点是养菌，使菌棒内菌丝积累养分和恢复活力，为下一潮菇提供必要的物质基础，这个时候可以添加一定的肥料，加强通风换气，直到菌棒表面菌丝发白，然后进行催蕾出菇。

③ 春季转潮。随着茶树菇出菇潮次的增加，菌棒栽培基质内的水分和营养物质已经消耗较多，这个时期已经进入生长发育后期，重点是加大补水和补肥的力度。补水可以将菌棒灌满至袋口，然后保持一夜，第二天将水倒掉，这样既可以让菌丝和栽培基质充分吸水，同时可以将菌棒内的虫子淹死。

75. 茶树菇常见病虫害及防治方法有哪些？

(1) 虫害。由于茶树菇菌丝特有一种杏香味，容易引诱大量菇蚊、菇蝇入侵，吸吮菌丝，致使菌袋菌丝萎缩，基质变黑、发霉、发臭，影响产量，成为茶树菇栽培中的大敌。

防治方法：①保持茶树菇生产、出菇环境整洁卫生，周围撒石灰消毒；②棚室内悬挂黄板、杀虫灯，通风口安装好防虫网，出入口设缓冲间；③菇房内用气雾消毒剂、高锰酸钾等消毒；④菌袋开口前3～5天喷药防害，一般用广谱、低毒、残留期短的安全卫生农药防治。

（2）杂菌污染。茶树菇栽培过程中主要的杂菌有绿色木霉、链孢霉、青霉等，尤其以绿色木霉危害严重。一般在菌丝发满前易感染杂菌，菌丝发满后杂菌污染较少。

防治方法：制棒期、接种期和发菌期注意周边环境清洁，避免污染棒、废菌棒二次污染。

（3）袋内菇。袋料分离容易导致袋内菇，原因在于装料偏松，栽培基质与膜之间形成空隙，加上光照刺激等，原基从袋内出现，形成袋内菇，空耗养分不成形。

防治方法：要求装料时要紧实，摆袋时不宜过早，不要在袋内留有空隙。

（4）菇蕾枯萎。催蕾长出原基后，在原基生长过程中或发育成小菇的过程中菇蕾枯萎，有两个方面原因会导致这种情况，其一是因为环境湿度不足、干燥导致原基发育不成形，其二是由于营养物质不足导致幼蕾枯萎。

防治方法：如果是由于空间环境湿度不足、干燥所致，应该喷水保湿；如果是因为营养物质不足，应该及时向栽培基质内补充营养。

76. 茶树菇栽培的经济效益如何？

茶树菇鲜品价格基本维持在6～12元/千克，干品销售价格维持在45元/千克左右。以日光温室茶树菇为例，生产周期为9

月至翌年10月，每亩生产成本包括：菌棒成本18万元（2元/棒），茶树菇层架、棚膜、遮阳网、草帘、卷帘机等1.2万元，总成本19.2万元。每亩生产收入包括：每亩生产9万棒，每棒0.35千克干料，产菇0.35～0.4千克，每千克平均价格8元，总收入25.2万～28.8万元。每亩生产效益可达6万～9.6万元。

第八章 设施猴头菇栽培与病虫害防治

77. 如何确定猴头菇的栽培季节、栽培设施与茬口安排？

（1）栽培季节与茬口安排。猴头菇的栽培季节与茬口安排应该根据其生物学特性以及栽培地区的气候条件而定。不同猴头菇品种生物学特性略有差异，菌丝生长温度范围为6～30℃，最适的温度范围为23～25℃。温度高，菌丝生长的稀松，当高于30℃，生长缓慢，易衰老，当35℃及以上，菌丝停止生长；温度较低时，菌丝生长缓慢，但是菌丝粗壮而且浓密，生命力强，5℃及以下，菌丝停止生长。子实体分化温度为5～24℃，以12～18℃为最适宜。子实体生长温度为12～24℃，以16～19℃为最适宜。猴头菇发菌的温度在最适温度范围内波动影响不大，但是出菇对温度的要求比较严格，因此要合理安排制种、制棒、接种的时间。制种、制棒、接种季节一般安排在春秋季，各个地区栽培季节及茬口安排如下：

北京延庆地区：一般每年安排生产两茬，头茬在2月制棒，4～7月出菇，二茬在5月制棒，7～10月出菇。

甘肃地区：一般每年可安排生产两茬，头茬在2月制棒，3～4月出菇，二茬在9月制棒，10～11月出菇。

内蒙古地区：一般每年3～5月生产栽培袋，5～8月栽培出菇。

山西地区：一般每年可安排生产两茬，头茬 2 月制棒，3 月中旬至 5 月底出菇，二茬 8 月制棒，9 月下旬至 11 月下旬出菇。

东北地区：一般每年冬季 1 月生产菌种，2～3 月生产菌棒，5～6 月春季出菇，然后停止出菇，夏季高温期过后 8 月末开始秋季出菇。

长江以南地区：相较于北方地区，气候温润，栽培周期也相对较长，时间安排上更具选择性。一般春季栽培的制棒接种时间安排在当年 12 月到翌年 2 月，出菇时间安排在 1～5 月，秋季栽培的制棒接种时间安排在 9～10 月，出菇时间安排在 10～11 月。

以上各地区栽培为编者选取的具有一定代表性的省份及地区对栽培季节及茬口进行总结，各地还要根据本地区的小气候合理进行调整，以每年适宜的出菇期向前推 1～2 月制棒接种为宜。

（2）栽培设施。猴头菇栽培一般为袋式栽培，采用的栽培设施为传统日光温室。工厂化栽培设施在日本较为多见，利用瓶式栽培，在我国较为少见，因此在本书仅介绍猴头菇设施栽培。在生产之前就需要搭建好猴头菇栽培设施，一般在日光温室内搭建层架或短棒直立式栽培。

① 层架式栽培。为了提高空间利用率，一般在出菇房内设置栽培床架，每个床架 6～7 层，高 2.8 米，宽 90～130 厘米，层距 30 厘米。这种栽培模式比较适合大规模集约化栽培，优点是栽培空间利用率高，菇棚规范、卫生，管理方便，有利于集约化、规模化生产；缺点是层架上下之间温度、湿度不一致，需要人工进行倒堆或控温控湿。

② 短棒直立式栽培。为常规栽培方式，即将猴头菇菌棒直接摆放于温室的畦床之上，优点为全部为同一平面，温度、湿度控制较为均一，而且靠近地面，保湿效果尤其好，有利于菌刺的形成，色泽较白；缺点是空间利用率低，同时若管理不当，菇体会带有泥沙等杂质，影响子实体商品性状。

78. 如何选择猴头菇的栽培品种？

猴头菇的栽培品种较多，生产上一般选用菌丝洁白、粗壮、子实体出菇早、球心大、组织致密的品种。目前我国常用的栽培品种有常山99、猴头11、猴头88、猴头8905等。

目前，判断菌种质量好坏常用感官指标。优良菌种菌丝洁白、浓密、粗壮、有光泽、生长旺盛。有绿、黑、黄、灰等杂色斑块的菌种应一律淘汰。另外，菌丝若有吐红水现象，也不宜使用。栽培种允许有少量原基，但使用时要去除掉。

79. 猴头菇的栽培原料与生产配方有哪些？

（1）原料准备。猴头菇属木腐菌，能广泛利用碳源、氮源、矿质元素及维生素等。人工栽培时，可以有效利用木屑、棉籽壳、玉米芯、甘蔗渣等多种栽培基质作为碳源，能有效利用玉米粉、麦麸、尿素、氨基酸、米糠等多种栽培基质作为氮源。但是猴头菇本身分解纤维素、木质素能力稍弱，特别是菌丝生长初期萌发缓慢，因此，拌料时要尽可能精细，制作猴头菇母种时多加入0.5%的蛋白胨，制作培养料时常加入1%的蔗糖作为辅助碳源，促进菌丝健壮生长。

生产前需要将选择的配方按比例进行配置，先提前一天称取主料，然后进行预湿，目的是让主料提前吸水充分。吸水充分以后，再按比例将相应的辅料充分混合后，均匀地撒在主料上。需要注意的是，如果使用玉米芯进行栽培，需要提前泡3小时以上，玉米芯吸水较慢但保水性好，因此，需要充分吸水。如使用杂木屑，需要保证木屑干燥而且新鲜，颗粒粗细均匀，未变质，一般采用阔叶树木屑。如使用棉籽壳，则需要保证其颗粒疏松、干燥且新鲜，不存在虫蛀霉变等情况。加水量按1∶(1.2～1.3)

的比例加入清洁的生产用水，搅拌培养料要干湿均匀，含水量60%～65%，以用手捏能成团、指缝有水而不下滴为宜。猴头菇属于喜酸性菌，因此，配置培养基时不能添加石灰，也不能添加多菌灵、噁霉灵等。pH以5.4～5.8为宜，可以加入0.2%柠檬酸。

（2）生产配方。

① 木屑78%，麦麸20%，蔗糖1%，石膏1%，料含水量60%～65%。

② 木屑76%，麦麸21%，豆粉2%，石膏1%，料含水量60%～65%。

③ 棉籽壳40%，木屑40%，麦麸18%，蔗糖1%，石膏1%，料含水量60%～65%。

④ 棉籽壳78%，麦麸20%，蔗糖1%，石膏1%，料含水量60%～65%。

⑤ 甘蔗渣78%，麦麸10%，米糠10%，石膏2%，料含水量60%～65%。

⑥ 玉米芯78%，麦麸20%，蔗糖1%，石膏1%，料含水量60%～65%。

⑦ 豆秸68%，木屑20%，麦麸20%，石膏粉1%，蔗糖1%，料含水量60%～65%。

80. 猴头菇菌棒制作工艺与注意事项有哪些？

猴头菇菌棒制作工艺主要包括制棒、灭菌与接种3个步骤。

（1）制棒。猴头菇菌棒无固定大小，各地根据生产需要购买本地所需的菌袋大小即可，菌袋规格一般有12厘米×55厘米×0.005厘米，12厘米×24厘米×0.005厘米，14厘米×27厘米×0.0045厘米，17厘米×35厘米×0.005厘米等规格。菌袋材质方面，猴头菇一般采用的都是低压聚乙烯菌袋，与高压聚丙烯相比，乙烯袋具有不易破裂、灭菌后弹性较好、菌丝培养后期料袋紧贴培养料、袋壁不易出现原基等优势。为保证菌棒的密封性，避免漏气情况的发生，同时为确保装棒的均匀性，在具体的操作过程中，最好使用专用装袋机，保证基质在菌棒内松紧合适，不存在空隙，猴头菇菌棒的松紧度可由手感与袋面接触的弹性程度来测定，一般以手指轻按袋表面后能弹起恢复原状为宜。菌袋的开口位置预留相应距离，以便于套环或扎口，且操作时要保证套牢、扎紧、绑住。

（2）灭菌。 猴头菇菌棒的灭菌处理是十分重要的，一定要科学及合理的灭菌，否则，可能会直接影响到猴头菇的品质及其产量。

猴头菇菌棒装料完成后要迅速入灶灭菌，菌棒与菌棒之间要有一定的空隙，以免造成灭菌死角。先旺火猛烧，然后排出冷气，灭菌中途不停火，不添加凉水，灭菌后期要用猛火，然后焖锅一夜后出锅，出锅要迅速。最好的办法是将料袋装入编织袋一起灭菌，一是可以减少料袋在运输途中感染杂菌机会；二是可以使袋与袋之间有一定空隙，利于蒸汽流通，提高灭菌效果。灭菌结束后戴上手套（防止烫伤）取出菌棒，并且检查菌棒的完整性，若发现存在破损情况，及时使用胶布处理，以免基质感染外部杂菌。对经过灭菌处理的菌棒，放置到专门接种室内存放，调整叠放高度，使得菌棒的温度小于 28 ℃留作备用。

（3）接种。 待料温冷却至 28 ℃以下时，将菌棒放入接菌室准备接种。接种前，首先将接种室清扫干净，然后进行环境消毒。环境消毒的方式有多种，首先在地面撒上石灰，然后用以下 1 种或几种方式进行消毒：硫黄粉 10～15 克/米^3 密闭熏蒸 24 小时灭菌；3%来苏儿溶液喷雾降尘消毒；使用气雾消毒剂（菇宝）进行消毒，消毒时间 40 分钟，高锰酸钾 5 克/米^3、甲醛 10 毫升/米^{3}熏蒸等灭菌方式。灭过菌的菌棒移入接种室摆放好，打开接种室内安装的臭氧发生器的开关，待半小时后关闭开关，再停半小时后接种人员穿好经过高温灭菌的、干净的工作服、工作鞋袜，洗净双手，进入接种室准备接种。用75%酒精棉球擦拭瓶口和内壁，将老菌皮挖掉，一般1瓶500毫升的接种瓶可以接种10~20个栽培菌棒。接种时，短袋从袋口接入，长袋从一侧打穴接种、封口、套袋。

81. 如何进行猴头菇菌棒的发菌管理？

接种后将菌棒移入发菌室，避光黑暗培养，室温控制在20～25℃，冬季和早春温度低，注意升温，早秋则需要防止烧菌。空气湿度60%～65%，养菌空间空气湿度不可过高，否则容易导致菌棒污染严重，同时养菌空间空气湿度也不可过低，否则容易导致料面干燥，间接污染杂菌的同时，也影响出菇产量。

（1）发菌前期（发菌1～10天）。培养室内温度应保持在23～25℃，使菌种迅速萌发定植，避免空气湿度过大滋生杂菌。

（2）发菌中期（10～20天）。室内温度应降至21～23℃，每天应通风1～2次，每隔10天检查1次，如发现被杂菌污染的菌袋，要及时挑出处理。

（3）发菌后期（20～30天）。发菌后期及时翻堆，加强通风，室内温度控制在21～22℃。为促进菌蕾形成，养菌后期适当增加光照强度至40～50勒克斯。

82. 如何进行猴头菇的出菇管理？

发菌完全后，即可搬入出菇棚进行出菇管理，此时用锋利的小刀在菌袋上划1刀，“1”形口（口长1厘米左右），开口不宜过大。

猴头菇催蕾

（1）环境温度。子实体发育的最适温度为16～19℃。最高不能超过23℃，否则就会出现子实体个小、菌肉松软、菌刺细长、枯萎等现象，因此棚内温度一旦升高，就要采取喷雾降温、通风、盖遮阳网等措施适当降温，从而达到最佳的出菇温度。若温度在 10 ℃以下，会出现色泽异常情况，菇体会呈现粉红色，菌刺短小，甚至无刺，相应地影响了猴头菇产品的质量。在温度过低时，采取夜间用遮盖物遮盖或利用中午温度高时通风等措施来提高温度，以达到最佳的出菇温度。在出菇阶段，应注重保持温度，若超出规定的温度，可采取以下的方法降温：①在菇房内通过雾化微喷喷雾化水进行空间降温；②加盖加厚棚室内的遮盖物；③进行早晚开门透风，正午张开大棚两头，使气流畅通。通过掌握适合的温度，使猴头菇催蕾、育蕾顺利进行。

（2）环境湿度。猴头菇子实体发育期，务必科学管理水分，按照菇体粗细、表面色泽的不同，选择不同的喷水量。菇房内环境湿度控制在 85%～90%。一旦湿度不足甚至干燥，会直接导致猴头菇子实体表层组织生长不良，菌刺干缩、断裂，刺毛不明显，菇体就会生长缓慢；湿度合适的情况下，刺毛鲜白、弹性强；若湿度大于 95%时；将导致子实体分枝、菌刺粗大。喷水时不要喷到菇体，否则会增加霉烂的机会。因此，子实体发育期，环境保湿非常重要，一定要勤喷、轻喷、少喷。

（3）通风换气。猴头菇属于好氧性真菌，其生长发育过程中，需要足够的氧气供应，对二氧化碳很敏感，一般情况下，二氧化碳的浓度不能超过 0.1%。如果通风换气情况不好，二氧化碳积攒过多，会刺激菌柄连续分枝，菌柄伸长。如果不控制二氧化碳的浓度，就会呈现珊瑚状的畸形菇，同时后续菇体难以形成。当二氧化碳浓度过高时，应适当通风，每天 2～3 次，但切忌风向直吹菇体，以免菇体萎缩变黄，出现光秃菇现象。

（4）光照强度。栽培菇房内要有一定的散射光，但是要避免阳光直射，大约三分阳、七分阴即可。要保持一定的光照，子实体在形成过程中需要的光照强度在 200～400 勒克斯，大约在菇棚内可以看清报纸上面的字即可。菇棚光照不宜太强，否则菇体发黄，生长缓慢，质量降低，影响商品性状；光照也不能太弱，否则就会造成原基形成困难或形成畸形菇。

（5）催蕾管理。菌袋开口后，经过 1 周左右会出现白色幼蕾，这个阶段为催蕾的关键阶段，一定要保持适宜的温度、湿度、光照和氧气，同时还需要注意以下几点：①猴头菇具有明显的向地性，因此，在出菇阶段不能随意搬动菌袋、变换菌袋的位置，否则易造成菌刺卷起，影响猴头菇子实体的商品性状；②温差刺激有利于猴头菇子实体的形成，因此，催蕾阶段还需要给予一个迅速的低温刺激，调节温度至 12～16 ℃，过高过低均不利于原基形成；③原基形成后温度要尽可能地稳定在 16～19 ℃。

83. 如何进行猴头菇的采收及转潮管理？

（1）采收标准及方法。猴头菇现蕾后 10～12 天，子实体七八分熟，球块基本长大，菌刺长到 0.5～1 厘米，刚刚开始或尚未弹射孢子，弹射孢子时会在菌袋表面形成一层白色粉状物，此时为适宜的采收期。在适宜的采收期内采收，猴头菇子实体洁白，味道清香、纯正、没有苦味或苦味微小。当菌刺超过 1 厘米时采收，则味苦，风味差，子实体过熟。采收时，用小刀齐袋口切下，或用手轻轻旋转拧下，避免碰伤菌刺，最好从猴头菇脚跟割下，然后再挖去料中的脚跟。

（2）转潮管理。采收后，应立即对料面进行清理和搔菌，用小刀或搔菌工具清除料面表面残余的子实体基部、老化的菌丝和虫卵。在第一批菇采收后，停止喷水 3 天，并揭膜通风 12 小时，让采收后菇根表面收缩，防止发霉；再把温度调整到 23～25 ℃，使菌丝体积累养分。5 天左右原基出现，10 天左右幼蕾即可形成，此时把温度降到 16～19 ℃，空气湿度提高到 90%左右，子实体即可健康成长。一般可以采收 3～4 潮菇，产量多集中在前

2 潮，前 2 潮占总产量的 80%。

84. 猴头菇常见病虫害及防治方法有哪些?

(1) 畸形菇。从栽培情况来看，猴头菇目前产量虽然达标，但高品位产品的比例不高，畸形菇较多，降低了商品性状，影响了经济效益，主要的畸形菇类型、原因及防治方法如下：

① 光顶无刺菇。

症状：子实体呈块状，没有菌刺分化，块状子实体表面粗糙，有时出现皱褶。子实体能够不断膨大，但菌肉质地较松软，具有猴头菇子实体的独特气味，表面颜色较正常，猴头菇子实体深。

原因：如果猴头菇子实体生长发育期间的环境温度高于 24 ℃、空气相对湿度低于 70%，菌刺就会停止生长，形成光秃无刺菇。

防治措施：子实体生长发育期间，注意适当通风透气，增加洒水量，控制环境温度不超过 24 ℃，空气相对湿度保持在 85%～95%。

② 粉红病。

症状：粉红病有两种症状，一是子实体颜色变红，但还可继续生长，不发生腐烂；二是子实体光泽暗淡、不再膨大、出现萎缩，表面长有粉红色的粉状霉层，最后子实体逐渐腐烂，并影响下一潮子实体的形成。

原因：当子菇房散射光的光照强度超过 1 000 勒克斯时，或实体生长发育的环境温度低于 14 ℃，极易发生粉红病。

防治措施：栽培环境按照技术规程彻底消毒，菇房保持适宜的温度和湿度，散射光的光照强度控制在 200～400 勒克斯；合理通风透气，及时摘除病菇并立即用杀菌剂喷洒消毒，清除受感染的病菌袋，带离菇房销毁。

③ 丛枝珊瑚菇。

症状：子实体基部长出很多丛状分枝，主分枝上又不断长出小分枝，子实体呈珊瑚状。丛状分枝的基部与培养料上索状菌丝相连，有的分枝会逐渐萎缩，而有的分枝会继续生长，分枝顶端会膨大成小型球状子实体。

原因：猴头菌属于好气性真菌，子实体生长需要有充足的新鲜空气，如果菇房通气不良、二氧化碳浓度高于0.1%，就会出现丛枝珊瑚菇。另外，如果培养料的养分不足，也会出现丛枝珊瑚菇。因此，第二潮子实体发生畸形菇的比例一般高于第一潮子实体。

防治措施：在实体生长发育期间，适时合理通风透气，使菇房二氧化碳浓度保持在0.1%以下。采收第一潮子实体后，及时向培养料中补充1%的蔗糖水或0.1%的复合肥溶液、淘米水等营养液。

（2）杂菌污染。

① 常见的杂菌。

A. 链孢霉。食用菌常见的杂菌之一，在猴头菇栽培中常见，初期为白色、粉粒状，后逐渐变成橙红色、绒毛状，气温25 ℃时，链孢霉生长极快，孢子较耐高温。

B. 木霉。食用菌常见的杂菌之一，在猴头菇栽培中常见，高温高湿的环境中易发生，菌落表面呈深浅不同的绿色，故有绿霉之称。

② 预防措施。

A. 选用纯净优良健壮的菌种。B. 灭菌要彻底。C. 严格的无菌操作，制棒、灭菌、接种和出菇期间，要妥善地消毒灭菌，保证洁净的环境。

③ 杂菌污染后措施。杂菌污染严重的时候，要及时回锅重新灭菌、接种。如果感染链孢霉等严重的杂菌，则深埋入土或烧掉。杂菌污染面积较小的，可用3%硫菌灵或50%多菌灵药液注射污染处，抑制其生长扩散，以确保其余部分的子实体收成。部分表面杂菌可以直接用水喷掉。但是如果链孢霉等危害较大的杂

菌，则不可以直接喷水，以免杂菌扩散造成更大的损失。

85. 设施猴头菇栽培的经济效益如何？

猴头菇鲜品价格基本维持在 20～32 元/千克。以日光温室猴头菇为例，生产周期为 2 月至翌年 7 月，每亩生产成本包括：菌棒成本 7.5 万元（5 元/棒），层架、棚膜、遮阳网、草帘、卷帘机等 2.2 万元，总成本 9.7 万元。亩生产收入包括：每亩生产 1.5 万棒，每棒产菇 0.6～0.8 千克，每千克平均价格 25 元，总收入 26.25 万元左右。亩生产效益可达 16 万～17 万元。

第九章 设施羊肚菌栽培与病虫害防治

86. 如何确定羊肚菌的栽培季节、栽培设施与茬口安排？

羊肚菌菌丝生长温度为10～22℃、培养时间为90～100天，子实体生长的温度为10～17℃。北方采用日光温室或春秋大棚，在冬春季栽培。采用日光温室内畦床式栽培，10月中旬至11月中旬播种，翌年2～4月可采收；采用春秋大棚栽培，10月中下旬播种，翌年4月可采收。南方地区采用大田栽培模式，搭建简易遮阳网大棚，安排在冬季栽培，11月上旬至12月上旬播种，翌年2～3月可采收。

87. 如何选择羊肚菌的栽培品种？

目前，大面积使用的羊肚菌品种主要包括梯棱羊肚菌和六妹羊肚菌。各地选育或使用的羊肚菌品种很多，特性也不尽相同，多为野生驯化而来。选择羊肚菌的栽培品种时，要结合当地的气候特点和设施类型，同时也要参考市场需求，灵活选择。

88. 羊肚菌的栽培原料与生产配方有哪些？

播种前，施用草木灰有利于羊肚菌增产，每亩用量20～30

千克。若土地有机质含量高，可以不适用底料（培养基料），直接将菌种播种于土中。若土壤肥力不够，可以适当施用培养基料：杂木屑 50%，稻草粉 29%，石灰 1%，土壤 20%，含水量 56%～60%，pH 自然。装入大袋中灭菌，冷却后下地，直接撒入播种沟内。干料用量为 1 000～2 000 千克/亩。在播种前 1～2 天制备。

89. 栽培设施羊肚菌如何进行整地、做畦和播种？

（1）整地。首先，将杂草及上一季遗留下来的农作物废弃物清理干净；其次，在翻耕之前，施撒生石灰或草木灰，起到调节 pH 和杀灭土壤中杂菌、害虫的作用；用旋耕机将土壤翻耕 1～2 次，并耙细，土粒最大直径不超过 5 厘米，土面平整。

（2）做畦。平整土地后灌水，待水渗入土壤并不粘手时，开始南北方向做畦床，床宽 1.0 米，高 15 厘米；过道宽 0.4 米。

（3）播种。将羊肚菌栽培种从菌种瓶中挖出或剥去袋子取出，大规模生产时可使用菌袋粉碎机进行破袋处理。揉碎备用，菌种用量为 0.8～1 千克/米^2。播种方式主要分为撒播和条播。

① 撒播。撒播的播种方式应用最为广泛，首先将田地整理成畦床后，平整畦面，将揉碎的菌种按照所需的菌种量直接撒播在畦面上，之后覆土 3～5 厘米。覆土作业可以用钉耙将菌种与畦面上的土层抖混，也可以用翻土机将沟内的土翻撒至畦面后平整实现。

② 条播。条播也是近年来应用较多的播种方式，条播具有暴发性出菇的特点，甚是可观。具体做法：在畦面上开具 20～30 厘米间距的小沟，沟深 5～10 厘米，将揉碎的菌种撒于沟内，之后用铁耙子将畦面上的土回填沟槽。

90. 羊肚菌发菌覆膜的作用是什么？如何覆膜？

（1）覆膜的作用及优势。羊肚菌栽培发菌时覆膜的作用主要有：保湿和防涝、避光和抑制杂草、加快积温、控制“菌霜”（无性孢子）的过度生长、促进出菇、定向出菇、节约成本等。

（2）覆膜的方法。

① 膜的选择。羊肚菌覆膜主要以普通农用地膜为主，主要选用黑色或半透明薄膜，厚度通常在 0.004 ～ 0.015 毫米（0.4 丝或 1.5 丝），宽 1.2 ～ 3 米不等，具体膜的宽度以畦面宽度一致或略宽于畦面。

② 地膜的使用。羊肚菌播种后随即进行地膜的覆盖，人工铺膜或借助于铺膜机进行。人工铺膜时 3 人一组，一人将地膜卷开并拉紧铺于畦面上，两个人随后执铁锹，将沟内的土壤铲起压于地膜两边，每隔 50 厘米压一个土块，确保地膜不被风吹开的情况下预留一定的通风口。正常情况下，播种并覆盖地膜之后，一天之后即可观察到菌丝从菌种上萌发开来，3 天左右即可萌发交联在一起，可以观察到土壤表面或土壤缝隙内有纤细的菌丝存在。播种后 7～20 天可以进行外源营养袋的摆放，即补料操作。外源营养袋摆放时，首先将地膜的一边土块掀掉，再将地膜掀开至另一边；然后，将外源营养袋按照技术要求摆放在畦面上；之后，再将地膜拉回，按照原样压上土块，转入养菌中期管理阶段。

91. 如何进行羊肚菌的发菌管理？

播种后，在日光温室内前 1/2 处挂置六针加密遮阳网，以防止阳光直射床面。通过调节日光温室的遮盖物，使棚内温度控制在 13～20 ℃，喷水保持菌床表面潮湿，光照和通风自然；播种后 30～60 天，在保持菌床表面潮湿的前提下，将地表温度控制在 3～5 ℃；发菌 60 天后，将棚内温度维持 15 ℃左右，等待出菇。

92. 营养袋的作用是什么？如何制作和使用？

营养袋是羊肚菌种植中能否获得高产和稳产的基础。其作用主要是为羊肚菌菌丝生长提供碳素、氮素等养分，同时在出菇前撤掉营养袋，也可以起到阻断营养供应、刺激出菇的作用。

（1）营养袋配方。

配方 1：阔叶树杂刨花或木屑 34%，小麦 36%，稻壳 36.5%，石灰 3.5%。

配方 2：小麦配方：小麦 98%，石灰 1%，石膏 1%。

配方 3：小麦谷壳配方：小麦 83%～88%，谷壳 15%～10%，石灰 1%，石膏 1%。

（2）制备方法。

① 按照质量份比将上述培养料基料称量好，加水拌匀，使含水量为 60%。

② 将拌匀的营养包基料用半自动装袋机以折幅 160 毫米、长度 350 毫米的规格进行装袋扎口。

③ 入灶用常压高温火菌，等温度上升到 110～120 ℃后，应保持 18 小时的灭菌时间，待彻底灭菌出灶冷却备用。

（3）营养袋的使用。

① 在营养袋包体的下半圆遍布打孔。

② 在播种后 7～10 天放入到畦面的土壤面的菌丝上。

③ 待 39～43 天菌丝长满后，撤掉营养袋。保持含水量 60%左右、子实体发育温度 15～18 ℃直到出菇收获。

93. 如何进行羊肚菌的出菇管理？

（1）催菇。催菇是羊肚菌由营养生长向生殖生长过渡的关键操作，催菇的目的是创造各种不利于羊肚菌继续营养生长的条件，使其在生理层面发生改变，进而转向生殖生长。主要包括营养、水分、湿度、温度、光线等刺激。主要为水分刺激：出菇前可以撤掉营养袋，向畦沟内灌1次大水，采用沟内漫灌、畦面喷灌的方法，沟内注满水；畦面喷灌用水量为每次5～10千克/米^2，保持地表的土粒不发白。

（2）育菇。当菌床表面出现羊肚菌原基时，去掉薄膜。羊肚菌原基发生之后，要做好原基的保育工作。原基发育后期至小菇形成阶段，注意保持空气温度、空气湿度、土壤水分的调节，避免空气干燥和温度骤升骤降对菇体的影响。温室内温度控制在10～17℃；当羊肚菌原基生长到1厘米左右时，每天往菌床表面喷洒雾状水1～2次，保证表面土壤潮湿，土壤湿度控制在田间持水量的30%～35%，空气湿度控制在85%～90%；出菇期间日光温室内光照强度控制在600～800勒克斯；棚内每天通风2～4次，每次维持30分钟左右。一般原基分化后约7天出菇。

94. 如何进行羊肚菌的采收及转潮管理？

（1）羊肚菌的成熟标志。当羊肚菌的子囊果不再增大、菌盖脊与凹坑棱廓分明、重量为整个生产过程中最重的阶段、肉质厚实、有弹性、有浓郁的羊肚菌香味时，即为成熟。成熟的羊肚菌子囊果应及时采摘，否则，极易造成羊肚菌过熟、商品性状质量下降。

（2）采收羊肚菌方法。用小刀齐土面割下或将子实体基部一起拔出，清除基部泥土，分级销售或干制，干品需用塑料袋密封保存。减少菇体间的碰触和伤损，保持菇体完整。

（3）转潮管理。采收后土壤的水分含量应≤38%。养菌3～5天后根据土壤含水量适量补水。

95. 羊肚菌如何进行分级？

羊肚菌采收后不论鲜销还是干制后销售，都要进行分级具体分级要求见表 9－1、表 9－2。

表 9－1　羊肚菌鲜品感官要求

项目	指标			
	一级	二级	三级	四级
形态	菌体完整，肉质饱满有弹性，菌盖未展开紧贴菌柄，内菌幕不外露、盖边缘向内卷	菌体完整、肉质饱满有弹性，菌盖略张开，内菌幕外露且内菌幕未破裂	菌体完整，肉质饱满有弹性，菌盖开伞，内菌幕破裂、菌褶外露	菌体机械破损、不完整或畸形
色泽	具有羊肚菌鲜品应有的色泽			
气味	具有羊肚菌应有的气味，无异味			
虫蛀菇（%）	0			≤5.0
子实体长度（厘米）	≥4			
霉烂菇	不允许			
杂质（%）	≤1.0			≤3.0

表 9－2　羊肚菌干品感官要求

项目	指标		
	一级	二级	三级
形态	外形、片形完整，菌盖与菌柄相连，碎片率≤1.0%	片形完整，菌盖与菌柄相连，碎片率≤3.0%	片形不完整，碎片率≤4.0%

（续）

项目	指标		
	一级	二级	三级
色泽	菌盖浅棕色至深棕色，菌柄白色		
气味	具有羊肚菌应有的气味，无异味		
虫蛀菇（%）	0	≤5.0	≤10.0
霉烂菇	不允许		
杂质（%）	0	≤0.5	≤1.5

96. 羊肚菌常见病虫害及防治方法有哪些？

（1）生理性病害。 羊肚菌生产中还受到其他病害的危害，常见菌柄变黄、变红，子实体穿孔、枯萎、死亡等症状，严重影响产量和品质。

防治方法：协调好温、光、水、气4个环境因素。原基至菇体长到2厘米期间，要注意保湿、控温、避免阳光直射、保持有空气流动。

（2）非生理性病害。 常见非生理性病害为杂菌的污染。发菌期发生率高于出耳期。侵染的杂菌，主要是各种霉菌。其中危害最大的是木霉，约占90%以上。其次是青霉、曲霉、链孢霉、根霉和毛霉等。还有酵母、盘菌、黏菌、鬼伞也是常见的杂菌。杂菌中竞争性居多，主要是与羊肚菌的菌丝争夺培养料内的养分和水分，有的还分泌毒素，抑制菌丝生长。羊肚菌出菇期子实体白霉病最常见，一般在温度开始回升时发生，幼菇和成熟的子实体均会受到侵害。在菌盖表面形成白色粉状的病斑，逐渐扩大，穿透菌盖组织，进而会侵染菌柄，严重影响产品的商品性。经初步鉴定，白霉病病原菌是拟青霉属（*Paecilomyces*）的一个物种。此外，出菇期草害也较为常见。

防治方法：

① 木屑拌料前过筛，去除尖锐大块物，并提前预湿，防止装袋时刺破菌袋、产生微孔，造成杂菌侵入。

② 拌料均匀，培养基要彻底灭菌。

③ 防止棉塞受潮、菌袋破损，接种要进行无菌操作。

④ 播种前，地面撒石灰进行杀菌；播种时，对工具进行酒精消毒；播种后立即覆盖黑色地膜，以防杂草生长。

⑤ 发菌和出菇时注意控制温度不超过 25 ℃，加强通风；养菌室提前杀菌杀虫。

（3）虫害。在菌丝和子实体生长阶段都会发生虫害。出菇期发生概率大于养菌期。养菌期常见的虫害有螨虫。出菇期常见的虫害有蛞蝓、马陆、跳虫、菇蚊等。营养袋下方常为害虫栖息场所，其咬食原基和子实体，传播杂菌，导致病虫害同时发生。

防治方法见表 9－3。注意羊肚菌对农药敏感性较高，即便喷施食用菌生产中许可使用的农药，也会造成子实体死亡。

表 9－3 主要病虫害防控技术及常用农药推荐

<table>
<tr><th>病虫害名称</th><th>防治指标</th><th>防控措施</th><th>使用方法</th><th>安全间隔期（天）</th><th>备注</th></tr>
<tr><td rowspan="7">嗜菇瘿蚊</td><td>羽化期</td><td>食用菌杀虫灯（每 150 米²1 盏）</td><td>诱杀成虫</td><td></td><td rowspan="7">不能与碱性农药混合使用</td></tr>
<tr><td>建棚</td><td>隔虫网</td><td>阻断隔离</td><td></td></tr>
<tr><td>羽化期</td><td>黄色粘虫板（每 20～30 米²1 张）</td><td>诱杀成虫</td><td></td></tr>
<tr><td rowspan="4">孵化盛期至 2 龄前</td><td>0.3%苦参碱水剂 300～500 倍液</td><td rowspan="4">喷雾</td><td>2</td></tr>
<tr><td>0.3%印楝素乳油 500～800 倍液</td><td>4</td></tr>
<tr><td>1.5%除虫菊素水乳剂 200～300 倍液</td><td>2</td></tr>
<tr><td>2.5%三氟氯氰菊酯（功夫）1 000倍液</td><td>7</td></tr>
</table>

（续）

病虫害名称	防治指标	防控措施	使用方法	安全间隔期（天）	备注
眼菌蚊	羽化期	食用菌杀虫灯（每150米^{2}1盏）	诱杀成虫		
	建棚	隔虫网	阻断隔离		
	羽化期	黄色粘虫板（每20～30米^{2}1张）	诱杀成虫		
	孵化盛期至2龄前	0.3%苦参碱水剂300～500倍液	喷雾	2	不能与碱性农药混合使用
		0.3%印楝素乳油500～800倍液		4	
		3%除虫菊素200倍液		2	
		2.5%三氟氯氰菊酯（功夫）1 000倍液		7	
螨类	初孵期	0.5%藜芦碱300倍液 10%浏阳霉素1 000～1 500倍液	喷雾	10	不能与碱性农药混合使用

注：如有适宜羊肚菌栽培种植的，高效低残留新型生物化学农药应优先选用。

97. 羊肚菌栽培的经济效益如何？

除羊肚菌的设施投入外，羊肚菌栽培种的价格每亩通常在2 500～3 000元。在自行生产时，每亩可基本控制在1 000～1 500元。市售外源营养袋每亩均价在1 500元左右，还不包括运输成本。羊肚菌生产项目的人工需求量较小，劳动力投入主要在棚体搭建和出菇阶段。播种时，每亩地需要2～2.5个人工，浇水、控温等羊肚菌管理每亩地需2～2.5个人工，出菇管理阶段、采菇环节每亩需 2～4 个人工，总计每亩 6～9 个人工。各地人工费用略有差异，每人每天通常在 80～100 元。每亩总计人工费 480～900 元，占项目总投入的 15%左右。不算设施投入，每亩成本 4 500～5 400 元。每亩可产鲜羊肚菌 150～200 千克，售价 120～200 元/千克，收入 1.8 万～4 万元。6 个月的生产周期，利润可达 1.3 万元以上。

设施双孢菇栽培与病虫害防治

98. 如何确定双孢菇的栽培季节、茬口安排与栽培设施?

(1) 栽培季节与茬口安排。气候环境对双孢菇生长的影响很大，野生状态的双孢菇形成子实体一般是在春季和秋季。只有在这两个季节，菌丝才能生长并最后形成子实体。在此时间段内，土壤温度和空气温度的变化、雨水提供的湿度变化，可以为双孢菇菌丝生长提供适宜的条件，使菌丝能够顺利完成生长的周期，并在特定条件下形成子实体。

在北京地区双孢菇的人工设施栽培模式下，生长上以借助自然气候条件为主，秋季气温的变化曲线是由高到低，这与双孢菇生长对应的温度反应基本一致，因此，双孢菇的栽培季节大多安排在秋季。但在不同地区，气候变化差异很大，在播种上要注意地区温度变化和差异。考虑到双孢菇生长的特性，即使在同一地区，双孢菇播种期的选择应当十分慎重，若播种过早，在菌丝生长阶段遭遇高温天气，会抑制菌丝生长或导致菌丝死亡；如果在子实体形成期遭遇高温，有可能在生产上出现化菇、死菇等现象，影响产量；若播种过迟，在出菇期间遭遇低温而明显降低产量。以北京为例，播种期应安排在 8 月中下旬。

(2) 栽培设施。双孢菇生产可以在不同的设施内进行，主要根据当地气候特点，设施内温湿度条件能够满足双孢菇生长需要即可，一般南方多用竹架大棚，用黑膜覆盖，外加盖4草帘，高4米左右，宽10～12米，长20～30米，内设7～8层栽培架。北方多用砖墙房棚，四周用砖砌，房高3.5～4米，宽10米，长20米，内设7层菇架；有的内设4层菇架，房高2～2.2米，长宽根据地势而定。工厂化生产双孢菇用砖房，高4.5米，宽6米，长20米，内设6层菇架，有温湿度调节控制系统，可以进行周年生产，成本投入较高。当前生产上亦有采用彩钢材料或"爱尔兰"拱棚模式进行替代，长度、宽度、高度参数与专用菇房一致，但建造成本大幅降低。

99. 如何选择双孢菇的栽培品种？

（1）As2796（认定编号：国品认菌2007036）。由福建省农业科学院食用菌研究所和福建省蘑菇菌种推广站育成。该菌株的菌丝在温度10～32℃下均能生长，24～28℃最适，结菇温度10～24℃，最适温度14～20℃。鲜菇圆整，无鳞片，有半膜状菌环，菌盖厚，柄中粗较直短，组织结实，菌褶紧密，色淡，无脱柄现象。平均每平方米产菇10千克左右。在含水55%～70%的粪草培养基中菌丝生长速率相似，最适温度为65%～68%。在16～32℃下菌丝均能正常生长，最适温度为24～28℃。菌株适于用二次发酵培养料栽培，菌丝生长速度中等偏快，较耐肥、耐水和耐高温，出菇期迟于一般菌株3～5天。但是，菌丝爬土能力中等偏强，扭结能力强，成菇率高，基本单生，20℃左右一般仍不死菇。1～4潮产量结构均匀，转潮不太明显，后劲强，可适当提前栽培。

（2）W192（认定编号：闽认菌2012007）。由福建省农业科学院食用菌研究所以As2796的单孢菌株2796－208与02的单孢菌株02－286杂交选育而成。菌丝培养阶段适宜料温24～28℃，出菇菇房适宜温度 16～22 ℃，喷水量比 As2796 略多。菌落形态贴生，气生菌丝少；子实体单生，菌盖扁半球形、表面光滑，直径 3～5 厘米；菌柄近圆柱形，直径 1.2～1.5 厘米。播种后萌发快，菌丝粗壮、吃料较快，抗逆性较强，爬土速度较快。原基扭结能力强，子实体生长快，转潮时间短，潮次明显，从播种到采收 35～40 天，单产略高，其他性状与主栽品种 As2796 没有明显差异。

100. 双孢菇的栽培原料与生产配方有哪些？

双孢菇是草腐型食用菌，因此，其生产原料主要用稻草、麦秸、玉米秸或一些田间杂草等提供碳源；辅料有牛粪、马粪、鸡粪、尿素或硫酸铵等提供或调节氮源；石灰、石膏等用于调节培养料结构及氮源。稻草、麦秸、玉米秸或一些田间杂草注意有无霉变，牛粪、马粪、鸡粪尽量选用固定场所，保持含氮量相对稳定。

双孢菇在生长过程中不仅需要丰富的碳源和氮源作为基本的营养，而且在吸收、利用碳素和氮素营养时，是按照一定比例吸收运用的。培养料的碳氮比（C/N）是否适宜，是衡量其质量好坏的重要指标，直接影响出菇时间和产量。双孢菇培养料的碳氮比，在发酵前为 33∶1，微生物生长最活跃，腐熟培养料接种时的碳氮比为（15～17）∶1；出完菇后的残料碳氮比为（11～15）∶1。在营养生长阶段，培养料的碳氮比以 20∶1 为宜；进入生殖生长阶段后，碳氮比以（30～40）∶1 为宜。碳氮比值过大，即氮含量过高，菌丝的营养生长过于旺盛，则会抑制原基分化而出菇困难。因此，在添加氮源时，要适当调整好碳源浓度。双孢菇培养料的选材比较广泛，但其具体配方都遵循上述适宜碳氮比的原则。参考配方：牛粪（干）55%左右，稻草、麦秸

（干）40%左右，菜籽饼（干）2%～3%，石膏1%，过磷酸钙0.5%，水160%。

101. 双孢菇培养料一次发酵时如何预湿、堆料？

（1）预湿。 双孢菇生长所需的粪草，应在生产之前充分准备好，及时收集或购置，防雨或腐烂变质，保持肥效。在建堆前，需将麦秸压扁，使之柔软，容易吸收水分，以促进腐熟。稻草容易吸收水分，腐熟速度快，但要掌握加水量，堆料前不应全面浸泡，以影响整个堆肥的透气性。

（2）堆料。 在堆料前的2～3天，将稻草或麦秸浇水变湿或泡湿，吸入足够的水分。但水分不能过大，过大则会造成培养料过黏，影响透气性。

堆料的前1天，需将堆料的场地平整、打扫洁净，消毒处理。根据栽培面积、料堆大小与菇房进料进度相结合。算好制备发酵料的量，每平方米需要30～50千克培养原料。

堆料时，先在地面铺一层2米宽、30厘米厚的麦秸或稻草，然后再铺一层2厘米左右的粪，粪草铺平，按此顺序，铺一层草，再铺一层粪，大约各铺10层，堆高1.5米。在堆料过程中，应当边堆料、边分层浇水。底下3层不用浇水。从第四层开始，越往上层，浇水量越多，水浇在草上。堆好后，堆的四周会有水流出，因此，需要在四周开沟，做蓄水池，以回收利用含有丰富营养物质的水，同时还可节约总用水量。堆料若是采用麦秸和稻草混合配方，麦秸一般放在料堆的最下层和中间几层，这样可以增加料堆的透气性。如用稻草作主料，预湿和浇水时一定要注意料堆的含水量。添加其他辅助材料，应放在料堆的中间几层。

102. 建堆后如何进行翻堆?

翻堆的目的是通过翻动粪草，使堆料粪草混合均匀，改善堆内的空气条件，为堆内有益微生物继续生长、繁殖、释放热量创造条件，使得培养料进行良好的转化和分解。

翻堆时，要把下面的培养料翻到上面，四边的料翻到中间，干的、未腐熟的翻到中间，湿的、腐熟好的翻到外边。总体而言就是通过翻堆，使堆料发酵进程一致，堆料的品质均匀。从生产实践来看，一次发酵翻堆掌握的原则也是尽量减少发生厌氧发酵的危害，翻堆时间间隔也相应的越来越短。一般一次发酵的时间掌握在 12 天左右。翻堆 4 次，时间间隔为 4、3、3、2 天。

在堆料整个过程中，都要防止风吹、雨泡等自然环境变化带来的不良影响，同时采取措施，保持好培养料的水分和温度，使发酵过程不受或少受外界不良因素的影响。

103. 如何进行双孢菇培养料的二次发酵?

农户设施栽培二次发酵分为 3 个阶段：上料、巴氏消毒、调温培养。

(1) 上料。经过一个完整周期的一次发酵历程，培养料应出现一些比较好的感观指标：培养料颜色呈现出深褐色；草柔软而有弹性，长度应当在 12 厘米左右，有韧性，不易拉断；培养料的含水量适中，在 62%左右；如果有条件检测，则培养料的含氮量应当在 1.5%～1.6%，pH 在 8.5 左右。这样的培养料有一定的松软度。过实、过湿、过黏和过熟的培养料，透气性差，不利于双孢菇共生菌的生长，且培养料易出现杂菌污染，影响后期菌丝的生长。但培养料过干，则菌丝长满床面的速度很慢，影响定植，从而造成整个培养料的生物利用率降低，经济效益也有一定的损失。

（2）巴氏消毒。巴氏消毒的原理是利用热力杀死培养料中的病原菌或一般的杂菌，同时不致严重损害其质量的消耗方法。生产一般采取在前面一次发酵的最后翻堆时，调节好水分，使培养料的含水量在65%～70%，腐熟程度应较常规不进行二次发酵的培养料偏生些，同时趁热量较高的时候迅速进料。进料结束，菇房可采用压力温度计随时测量料温，将压力温度计的感温棒埋在中间床架的培养料内，然后封闭门窗，将压力表挂在室外以便随时观察料温的变化，另外一只压力温度计的感温棒悬挂在设施内，以便观察室温的变化。多采用简易锅炉加温，逐渐加温使温度升高到58℃左右，维持在6～8小时，即为巴氏消毒阶段。

（3）调温培养。升温之后进行通风降温，使料温在50℃左右保持7天，这就是温度保持阶段。在这种温度条件下，对双孢菇生长有益的腐殖霉等微生物类群大量繁殖和发展，这是二次发酵的主要阶段。等保持温度阶段结束后，开始降低料温，直至降到45℃时，再打开门窗迅速降低料温，至25℃左右，这个阶段结束，这就是降温阶段。在二次发酵过程中，双孢菇种植设施的通风很重要，每隔3～4小时，适当通风。

104. 如何判断堆肥的腐熟程度和发酵质量？

堆肥所需天数一般为3～4周。实践中必须用温度计测定料堆内温度，以确定是否该倒堆。如果堆温达80℃左右时，应尽快翻堆，以免发生烧料现象。适合双孢菇栽培的培养料既不能偏生也不能过熟，而是要求适度腐熟，标准如下：

一看：培养料棕褐色，有白色菌斑；料堆体积明显缩小，只有建堆时的60%左右；发酵良好的培养料，麦秸原形尚在，手感松软，用手轻拉即断，但不是碎烂；料含水量62%左右，手用力攥时指缝间有水但不滴下。

二闻：料不粘手，无氨、臭、酸等异味，略有甜面包味或菌香味。

三测：培养料的pH在7.2～7.5范围内，含氮量在1.9%以上。

105. 播种前培养料有较浓的氨味如何处理？

在二次发酵结束，降温后至播种前，如果棚内还能闻到轻微氨味，应加大通风量和通风时间，并翻散培养料，排出氨气，氨味较重时应同时用5%甲醛溶液喷料，随喷随翻，以中和氨气，但要注意培养料的含水量不能过大。如果经上述措施处理后仍有较浓氨味，建议将栽培料下床，掺入稻草后重新建堆发酵处理。

106. 设施栽培双孢菇如何播种？

播种准备工作：二次发酵后，培养料已充分腐熟，待料温降低至40℃以下，可先进行翻堆，当料温保持在28℃左右时，可准备播种。如果在生产上选择不进行二次发酵过程，则在培养料进入出菇房时，应当进行一系列的消毒工作，以防止病虫害的发生。培养料进行完最后一次翻堆后，如果在设施内还能闻到较重的氨气味道，则应当通风除氨。播种还要注意的一个事项是料温是否已经稳定，在上、下层床架内温度普遍稳定在28℃左右时方可播种。

播种时应注意菌种的质量、菌株的类型和用具的消毒等。播种前，应将所用的工具及操作人员的手等，都用75%的酒精或用甲醛溶液擦洗消毒，以防杂菌污染。并要求所用的菌种，应挑选无杂菌污染、无虫害、菌丝生长浓壮洁白的优质菌种。凡是菌丝灰暗或吐黄水菌丝老化的菌种不能使用。

在生产实践中栽培种多用麦粒菌种，麦粒菌种多采用撒播法。播种量为1米^{2}1.5瓶左右，每瓶450毫升左右。先将菌种总量的40%均匀地撒在培养料上，然后用铁叉将培养料翻抖，使麦粒进入培养料内，再将剩下的60%菌种，撒在菌床料面上，轻整菇床表面，使其平坦，稍加压实。

107. 双孢菇菌丝发菌阶段如何管理？

播种后，如遇干燥刮风天气，最好在菌床上覆盖报纸或地膜，可以提高覆盖物与培养料之间的相对湿度，促进菌丝萌发定植，菌丝吃料后4天内，撤除覆盖的报纸或地膜。但阴雨天或氨气较重的培养料不易覆盖保湿，否则氨气浓影响菌丝定植，或通气不良引起杂菌污染。一般播种后温、湿度正常，1天就能看到菌丝恢复，2～3天后菌落明显形成；播种5天内的菇房管理应以保湿、微通风为主，以保持料面和菌种块的湿度，促进菌丝在培养料上迅速定植生长，这时如发现菌丝无法恢复或定植生长不良，应立即寻找原因，及时采取补救措施。

播种5天以后，当菌种块菌丝已经萌发并在培养料上定植生长时，菇房的通风换气则要由少到多，逐步增加。通风的时间应多在夜间。播种后7～8天，菌丝蔓延整个料面，可加大通风，促进菌丝向料深层生长，无风时可以打开所有门窗。有风时开背风门窗进行通风，晴天温度高时，要防止外界高温进入室内，造成菇房气温偏高。特别是塑料菇棚，如遇连续高温天气，则要加强通风降温降湿。干热的西南风有碍菌丝生长，这种情况要注意保持菇房和培养料的湿度。

108. 如何选择和处理覆土材料？

作为覆土用的土壤，选择前茬没有生产过食用菌的田地，取耕作层以下的保水性、通透性好的土壤。因为水分经常从覆土表面蒸发，为了保持覆土中足够的水分，每周要喷水2～4次。因此，覆土对于频繁的喷水，必须能够保持团粒结构。如果覆土的结构是容易溃散的，则会阻碍氧气和二氧化碳的通透性，不利于原基的形成。从覆土的透气性方面来考虑，过筛后原土的直径是6～8毫米，大小不一的混合土块比6毫米以下大小一致的土块蘑菇产量更高。

添加石灰：将表土除去，用下层新土，但因土壤一般是酸性的，故必须用石灰中和。添加石灰可调节土壤的pH，改善土壤的物理结构，这对于土壤团粒结构的形成和反复喷水土粒的稳定性是很重要的。另外，覆土的中和（pH7.2～7.8）对病虫害的预防也是有效的。覆土的最适pH在6.5～8.0，通常中和至7.5。对于黏土，在调和pH的同时，还要改变其团粒结构，一般石灰添加量的标准是消石灰2%～3%、碳酸钙4%～5%。

覆土的消毒：常用消毒方法是在事先消毒的水泥地板上，铺上15厘米厚的土粒，使用消石灰搅拌，土壤要覆盖经过1周以上的较好，其间pH稳定在7.5左右。水分不足时，在覆土前1天轻轻喷一些水，调到含水量65%左右。另外，还可进行蒸汽消毒，把土粒平平地装入高20厘米作用的浅箱中，放在可以密闭的消毒室中，空气循环很容易进行。为了充分地利用空间，把浅箱叠起来，再通入蒸汽，在60℃下消毒3小时。

109. 如何进行双孢菇的覆土管理？

在栽培上，覆土有一次覆土和二次覆土两种方式。一次覆土是一次性在料面覆土3～4厘米厚，并且厚薄均匀一致。二次覆土方式是先覆盖粗土，厚度为2厘米，以盖住培养料不使其外露为宜。覆盖粗土后在3天内把粗土喷湿，喷水要多次勤喷，一次不能喷很多水，以免流入培养料造成透床积水、菌丝死亡。保持空气和土壤湿度，诱导菌丝从料面迅速往粗土上生长，这就是俗称的“吊菌丝”。当粗土覆盖后5～7天，菌丝已普遍从料面上长到粗土底部和间隙中时，应及时覆盖细土。细土覆盖的厚度一般为1.5厘米左右，覆土总厚度3～4厘米，并要求厚度均匀一致。

覆土的厚度，还要根据实际情况灵活掌握。如果培养料薄而偏干，草多通气好，菇房保湿性能差，则覆土适当厚一些；如果培养料厚而偏湿，粪多通气差，菇房保湿性能好，则覆土可适当薄些。覆土过厚，遇到气温偏低的情况，菌丝不易向土层生长，影响产量；覆土过薄，则易出现菌床漏水或粗土内菌丝少，容易冒菌被，出菇密，菇小，产量质量都差。

110. 如何进行双孢菇的出菇管理？

（1）温度管理。覆土后18～21天，第一潮菇就可以采收。如果从低温诱导期算起，则是10天左右。这一阶段的管理主要是调节水分、控制温度和调节室内二氧化碳含量。采收期的室温最好保持在14～17℃，这个温度阶段不仅适合双孢菇子实体的生育，也可以抑制病虫害的发生。料温在15～18℃或稍高些。在采收量较高的第一潮和第二潮，必须要把料温降低到14℃，以保证双孢菇的质量。一般来说，子实体成长期温度过低后，子实体会变小。

（2）水分管理。子实体的生长离不开从堆肥和覆土层吸收水分，因此要经常喷水，以维持室内的高湿环境条件。用水滴粗、水压强的喷雾器，不仅会损伤小的子实体，也可能使覆土板结成块，一旦土壤的团粒结构遭到破坏，碎土塞满覆土中的空隙，会导致微型环境通风不畅，造成死菇的发生。当子实体变大并大规模地生长后，因为覆土层较干，需要1天喷水两次，使覆土层吸收足够的水分，以维持室内的湿度，但不要过度喷水，过度喷水，导致水分透过覆土层进入料层会引起杂菌污染。

喷水过多或不足，都会降低双孢菇的产量和质量，通常水分占子实体的重量的90%。在采收过程中，覆土的含水量在60%～70%。采收期中，尤其是覆土呈现干燥状态喷水后，夜间菌柄会变长。这是因为，喷水增加了堆肥的活性，二氧化碳含量升高导致菌柄变长。因此在喷水后，必须立刻增加通风换气，使子实体表面干燥，防止细菌性斑点病的出现。

（3）通风管理。采收期必须通风，特别是在大量子实体在菇床上正在生长的时期。通风能够很好地控制二氧化碳、温度和相对湿度。消除二氧化碳的方法，是在菇床的表面形成空气对流层，随着大量的空气带走或通过床温和室温的温差产生空气对流而除去。子实体采收阶段应将总体相对湿度控制在85%左右。

111. 如何进行双孢菇的采收及转潮管理？

（1）采收管理。采收应及时，避免开伞，一般高产品种，因床面结菇多，控制菇盖直径3厘米以下，品种会较好，商品价值相对较好。菇房气温在14℃以下，双孢菇生长较慢，柄粗，质地密实，可晚采，但菇盖直径也不得超过4厘米。前3潮菇，采用旋菇法，即用拇指、食指和中指捏住菇盖，先向下稍压，再轻轻旋转采下，避免带动周围小菇。后期采菇可采取拔菇法。即采摘时，要把菇“根”下部连接老化菌索一起拔掉。采下来的鲜菇，用锋利的小刀切掉菇根，放入容器时一定要轻放，不要乱丢乱抛，以保证产品质量。

（2）转潮管理。当采完1潮菇左右时或接近结束时，应及时喷打转潮水，为生产下一潮菇及时提供水分，喷水量按预先估计形成产量的 90%进行。另外，当采收完一潮菇时，应及时整理床面，剔出菇脚和老菇根，并用粒土性细土将空穴填平，并及时喷水保湿转潮。

112. 双孢菇病虫害控制及防治方法有哪些？

(1) 预防为主，综合防治的原则。

① 选场建厂和设计要合理。菌种厂应远离仓库、饲养场。装料间、灭菌锅和接种间建筑设计要合理，灭好菌的菌种袋或菌种瓶要能直接进入接种间，以减少污染的机会。接种室、培养室要经常打扫，进行消毒。要定期检查，发现有污染的菌种立即处理，不可乱丢。

② 注意栽培室和栽培场地的卫生。双孢菇栽培室要远离仓库、饲养场、垃圾场。搞好环境卫生，防止害虫滋生。废料不要堆在菇房附近，必须经过高温堆肥处理后再用。菇房的门窗和通风洞口要装纱网，出入口处要有一段距离保持黑暗，随手关灯，以防害虫飞入。清理环境后，必要时场地还要进行杀虫。栽培双孢菇前要清扫干净，架子、墙壁、地面要彻底消毒、杀虫。要特别注意砖缝、架子缝等处容易匿藏害虫的地方。对发病严重的老栽培室要进行熏蒸消毒，方法是每立方米容积将 80 毫升福尔马林倒入 40 克高锰酸钾中进行熏蒸，装高锰酸钾的容器要深，容积要比福尔马林大 10 倍以上。熏蒸时要密闭栽培室，2 天后打开门窗通风换气 24 小时再将菌袋送入。也可用熏硫黄，用量 5 克/米^3，密闭 48 小时，再过 2 天进料。

③ 把好菌种质量关。栽培用的菌种，不论是瓶装还是袋装，总体要求：高产、优质，菌种生活能力旺盛，纯正无杂，不带病

毒、病菌及害虫，具有较强的抗逆性及抗病虫害能力。

生产中要保证培养料及使用工具灭菌彻底，整个过程注重无菌操作。

④ 及时清除残菇进行消毒。采菇后要彻底清理料面，将菇根、烂菇及被害菇蕾摘除捡出，集中深埋或烧掉，不可随意扔放。培养料和覆土需消毒处理，在送上床架前，用漂白粉或甲醛消毒或喷杀虫剂后盖膜密封 24 小时。

(2) 调节适宜的双孢菇生长发育条件促菇、抑虫、抑病。 不同的生长阶段对其生长发育的条件有不同的要求，要按照双孢菇生产的要求对温度、湿度、水分、氢离子浓度（酸碱度）、营养、氧与二氧化碳等进行科学的管理，使整个环境适合双孢菇的生长而不利于病原菌和害虫的繁殖生长。当双孢菇生长健壮时，也可抑制病原菌和害虫的繁殖生长，即所谓促菇、抑虫、抑病。

(3) 使用药剂要十分慎重。 在出菇期间，使用农药要慎重。农药沾染在菇体上，会造成食品污染。禁止直接将有剧毒的有机汞、有机磷等药剂用于拌料、堆料；残效期长、不易分解及有刺激性臭味的农药，也不能用于菇床。特别是床面有菇时，绝对禁止使用毒性强、残效期长或带有刺激性臭味的药剂；防治双孢菇病虫害，应选用高效、低毒、低残留的药剂，并根据防治对象选择药剂种类和使用浓度；使用农药时，要先熟悉农药性质。滥用农药，有时会在覆土层或培养料表面形成一层有毒物质，影响菌丝生长，造成减产；尽可能使用植物性杀虫剂和微生态制剂，如除虫菊、鱼藤精、增产菌等。

113. 设施双孢菇栽培的经济效益如何？

双孢菇栽培的经济效益受市场价格波动影响，其价格受栽培面积、生产工艺、原料成本等因素的影响波动明显，在个别生产月份，甚至出现滞销现象，因此年度之间收益亦有差异变化，随着近年来部分生产农户的退出生产，双孢菇市场价格相对处于高位运行，农户栽培收益相对稳定，在不计农户劳动力成本前提下，每平方米收益在20～60元不等。

参考文献 REFERENCES

曹丽，栗雪韫，丁悦，等，2018. 猴头菇瓶栽试验 [J]. 湖北农业科学，57 (22)：74-76.

才晓玲，安福全，邹瑶，等，2011. 柱状田头菇研究进展 [J]. 食用菌学报，18 (2)：65-69.

戴玉成，周丽伟，杨祝良，等，2010. 中国食用菌名录 [J]. 菌物学报，29 (1)：1-21.

邓德江，2012. 平菇高效益设施栽培综合配套新技术 [M]. 北京：中国农业出版社.

高颖，李田春，徐晓宇，2016. 不同培养基对猴头菇菌丝体生长量及多糖含量的影响 [J]. 辽宁科技学院学报，18 (4)：22-23，26.

贺国强，魏金康，邓德江，等，2017. 北方地区羊肚菌日光温室栽培难点及关键技术 [J]. 蔬菜 (9)：65-67.

胡晓艳，魏金康，2012. 双孢菇高效益设施栽培综合配套新技术 [M]. 北京：中国农业出版社.

黄年来，林志彬，陈国良，2010. 中国食药用菌学 [M]. 上海：上海科学技术文献出版社.

黄良水，2018. 猴头菇的历史文化 [J]. 食药用菌，26 (1)：54-56，60.

李宏伟，2007. 黑木耳代用料栽培中常见病虫害的防治 [J]. 牡丹江师范学院学报（自然科学版）(3)：41-42.

李亚娇，孙国琴，郭九峰，等，2017. 食用菌营养及药用价值研究进展 [J]. 食药用菌，25 (2)：103-109.

刘洋，2018. 北京延庆地区猴头菇吊袋栽培技术要点 [J]. 食用菌，40 (5)：54-55.

刘伟，张亚，何培新，2017. 羊肚菌生物学与栽培技术 [M]. 海口：南海出版公司．
刘伟，蔡英丽，何培新，等，2019. 羊肚菌栽培的病虫害发生规律及防控措施［J］. 食用菌学报（2）：128－134.
王贺祥，2004. 食用菌栽培学［M］. 北京：中国农业出版社．
王贺祥，刘庆洪，2014. 食用菌栽培学［M］. 2版．北京：中国农业大学出版社．
王建伟，陈武强，杨海文，等，2010. 茶树菇营养成分的提取与检测研究进展［J］. 现代农业科技（20）：335－337.
王俊，图力古尔，高兴喜，2011. 中国猴头菌属真菌分子系统学研究［J］. 中国食用菌，30（4）：51－53，60.
王延锋，戴元平，徐连堂，等，2014. 黑木耳棚室立体吊袋栽培技术集成与示范［J］. 中国食用菌，33（1）：30－33.
王克武，2017. 现代农业技术推广基础知识读本［M］. 北京：中国农业出版社．
吴尚军，贺国强，2014. 设施香菇平菇实用栽培技术集锦［M］. 北京：中国农业出版社．
张金霞，2011. 中国食用菌菌种学［M］. 北京：中国农业出版社．
张亚，蔡英丽，刘伟，2017. 羊肚菌覆膜栽培技术［J］. 食药用菌（2）：133－137.
卓易忠，2015. 袋栽茶薪菇催蕾与育菇阶段的关键技术［J］. 食药用菌，23（2）：112－115.

图书在版编目（CIP）数据

设施食用菌栽培与病虫害防治百问百答 / 胡晓艳，魏金康主编．—北京：中国农业出版社，2020.7（2022.5 重印）
（设施园艺作物生产关键技术问答丛书）
ISBN 978-7-109-27075-6

Ⅰ.①设… Ⅱ.①胡… ②魏… Ⅲ.①食用菌—蔬菜园艺—设施农业—问题解答②食用菌—病虫害防治—问题解答 Ⅳ.①S646-44②S436.46-44

中国版本图书馆 CIP 数据核字（2020）第 124538 号

中国农业出版社出版
地址：北京市朝阳区麦子店街 18 号楼
邮编：100125
责任编辑：李　蕊　黄　宇
版式设计：王　晨　　责任校对：吴丽婷
印刷：中农印务有限公司
版次：2020 年 7 月第 1 版
印次：2022 年 5 月北京第 6 次印刷
发行：新华书店北京发行所
开本：850mm×1168mm　1/32
印张：4.25　　插页：4
字数：100 千字
定价：25.00 元

彩图1　食用菌林下大棚

彩图2　灭菌柜内部

彩图3　香菇发菌及转色管理

彩图4　适宜采收的香菇

彩图5　平菇培养料发酵

彩图6　平菇菌棒开放式接种

彩图7　平菇棚雾化微喷

彩图8　平菇高密度层架式栽培

彩图9　栗蘑林下小棚栽培

彩图10　栗蘑栽培画线、挖畦

彩图11　栗蘑脱袋、码棒

彩图12　栗蘑栽培覆土

彩图13　栗蘑栽培棚绑棚架

彩图14　黑木耳装袋机

彩图15　黑木耳菌袋开口

彩图16　吊袋黑木耳

彩图17　吊袋黑木耳采收

彩图18　晾晒黑木耳

彩图19　茶树菇菌袋制作

彩图20　茶树菇菌棒码放等待灭菌

彩图21　茶树菇保温上架出菇

彩图22　茶树菇工厂化出菇房

彩图23　层架式栽培猴头菇

彩图24　猴头菇划扣出菇

彩图25　羊肚菌播种——撒种

彩图26　摆放营养袋后的羊肚菌大棚

彩图27　羊肚菌出菇现场

彩图28　双孢菇栽培料建堆发酵

彩图29　双孢菇发菌期

彩图30　双孢菇出菇期